我常想，如果能靠著麵粉就做出一桌美味的菜餚，那是多麼地美好。我所說的麵粉，不是製作麵包時所使用的「高筋麵粉」，也不是製作烏龍麵等麵條時所用的「中筋麵粉」，而是做天婦羅或炸物時經常拿來做成麵衣，或在湯、醬料中用來做勾芡效果的「低筋麵粉」。一般家庭裡即使沒有高筋麵粉或中筋麵粉，也總是會備有低筋麵粉。

調整水量的多寡，讓低筋麵粉料理變化多種口味

家裡沒有飯、而麵包也剛好吃完時，我心裡想著「先簡單料理讓家人吃飽再說」而開始動手做的，就是麵粉料理。越做越發現，麵粉料理真是簡單又有趣，而且又好吃。現在家人常常會跟我說，「今天來吃麵粉料理吧！」麵粉料理在我們家真的很受歡迎。

麵粉料理基本上就是先得學會做麵糊和麵團。麵糊和麵團的作法很簡單，只要將水倒入麵粉中拌揉均勻就好了。調整加入水量的多寡，即可改變麵糊或麵團的狀態。麵糊或麵團做好後，可拿來煎（烤），或蒸，或煮，或炸。加入麵粉中的水分除了清水之外，若把牛奶或蛋亦視為水分的話，更能變化出多種口味。試過麵粉料理之後，你會發現，原來用低筋麵粉就能這麼簡單地變化出各種料理。另外，短時間內即可完成的「餡料」，拿來搭配也十分方便。有時和入麵糊或麵團中，或是放在麵糊或麵團表面一起烹調，即可像蓋飯一樣，在一道菜裡就能同時吃到主菜和配菜。麵粉料理的好處就是能夠立即上菜，大部分的食譜也幾乎只需準備平底鍋就能製作。

＊關於麵粉
本書所使用的麵粉皆為低筋麵粉。
麵粉是一種由小麥磨成的粉末。其原料小麥當中所含有的小麥蛋白具有很強的黏彈性，加水拌揉後會產生黏性，即是一般所稱的麩質（gluten，亦稱穀膠，俗稱麵筋）。麵粉依麩質含量的多寡，可依序分為高筋麵粉、中筋麵粉和低筋麵粉。

＊＊關於麵粉的保存
麵粉不適合置於高溫潮濕的環境下。低筋麵粉的保存期限大約是1年。麵粉放久了容易氧化，麩質形成的速度也會變慢（順道一提，麩質含量高的高筋麵粉，保存期限大約是4至6個月）。開封後的麵粉需放在密封容器或塑膠袋內，並放置於陰涼乾爽的地方。沒用完的舊麵粉不可與新麵粉混合，請將舊麵粉用完後再開新麵粉。此外，由於麵粉容易沾染其他味道，因此最好避免放在味道強烈的物品附近。

依水量多寡，大致可分為 3 種質地。
為了操作方便，除了可麗餅之外，其他食譜 1 份的量皆以 200g 的低筋麵粉來製作。

「稀」麵糊

薄餅
大阪燒
可麗餅

「稠」麵糊

蒸糕
薄鬆餅
厚鬆餅
美式熱狗

「Q」麵團

義大利短麵
餃子
麵疙瘩
印度烤餅
披薩
蒸包子
餡餅

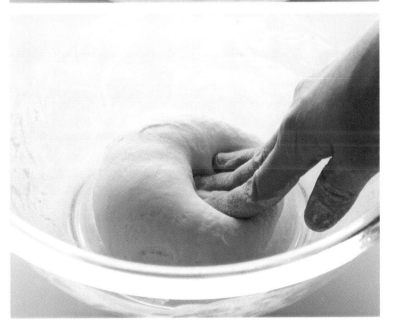

目 錄

Part

1

「稀」麵糊

本書的烹調基準

○ 本書所使用的量杯 1 杯為 200ml，

量匙 1 大匙相當於 15ml，

1 小匙為 5ml，1ml = 1cc。

○本書材料表中的 E 為 1 人份大約可攝取的熱量。

○材料表中的麵粉均為低筋麵粉。

○食譜內容記載的微波爐烹調時間為使用 600W 時

的標準。若為 700W，時間請縮短為 0.8 倍；若為

500W，則請增加為 1.2 倍。

「稀」麵糊

拿起打蛋器時，麵糊不會殘留在打蛋器上的稀麵糊。
水的分量基本上是低筋麵粉重量的 1.5 倍。

薄餅麵糊

這款配方極為簡單的「稀」麵糊所使用的水分是清水。
製作時加入一點點的砂糖、鹽和沙拉油提味。

【材料】1 份

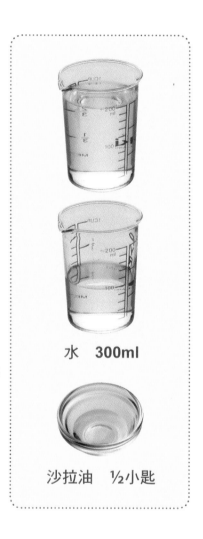

低筋麵粉　200g

砂糖　1 撮

鹽　1 撮

+

水　300ml

沙拉油　½小匙

【作法】

1　在調理盆中放上一只篩網，倒入低筋麵粉、砂糖和鹽混合後過篩。

2　將量好的水，分次一點一點倒入作法 **1** 中，同時以打蛋器攪拌均勻。

3　將沙拉油倒入作法 **2**，全部攪拌均勻。

4　將作法 **3** 調好的麵糊蓋上保鮮膜，放進冰箱靜置 20 分鐘以上。

（也可以放置一晚，但由於麵糊會變重，烹調前可再加入 1～2 大匙的水稀釋，調整濃稠度。）

薄餅

將薄餅麵糊如以下作法煎成薄薄的一片，就會做成像春餅[※]般擁有單純好味道的可麗餅餅皮。順道做份簡單的餡料放在薄餅上捲起來，就能像捲壽司般做出許多變化。

【材料】直徑約 18cm×10 ～ 12 片的分量
薄餅麵糊（參照 P.6 作法）…… 1 份
沙拉油 …… 適量
E780kcal（總熱量）

1 開中火將平底鍋燒熱後，用廚房紙巾沾上沙拉油，在鍋子裡薄薄地抹上一層。

2 接著，取一湯杓的麵糊倒入平底鍋內。

※ 譯註：春餅為中國北方及朝鮮半島的傳統食物。當地人有立春吃春餅之說，稱為「咬春」。炸過的春餅則為「春捲」。爾後，其製作方法、內容和名稱也隨著發展，因地而異，閩南人將之稱為「潤餅」。

3 轉動鍋身，讓麵糊儘快流向四周散成圓形薄片，約煎烤 1 分鐘。

4 表面開始變乾後，拿長筷子從邊緣放入餅皮下方，將餅皮翻面，翻面後繼續煎 30 ～ 40 秒即可取出。剩下的麵糊也以同樣的方式煎烤。

受歡迎的餡料薄捲餅

薄薄餅皮裡所包的餡料，說穿了就是一般的「配菜」。
以下介紹幾款受歡迎的基本捲餅，餡料都是精心搭配過的。

蟹肉炒蛋捲餅

【材料】5 ～ 6 條的分量
薄餅 …… 5 ～ 6 片
蛋 …… 3 顆
蟹肉條 …… 4 條
細蔥 …… 2 ～ 3 根
鹽和胡椒 …… 各少許
麻油 …… 約 1 大匙
E130kcal（1 條的熱量）

1 蟹肉條切成 2cm 長後，大略撕開。細蔥切成蔥花。

2 將蛋稍微打散，撒入鹽和胡椒調味後，和作法 **1** 的材料混合備用。

3 將麻油倒入平底鍋中，開大火熱鍋。接著將作法 **2** 全部倒入鍋裡，用筷子大範圍地畫幾下，即可做出鬆軟的炒蛋。炒蛋做好後，平均地放在每一張餅皮上，再將餅皮捲起，即完成這道美味料理。

鮪魚海苔芽菜捲餅

【材料】5～6 條的分量
薄餅（參照 P.7 作法）…… 5～6 片
鮪魚（罐頭）…… 1 罐（大）
芽菜 …… 半盒
烤海苔 …… 2～3 片
┌ 美乃滋 …… 1 大匙
A 麻油和醬油 …… 各 1 小匙
└ 砂糖和胡椒 …… 各少許

E160kcal（1 條的熱量）

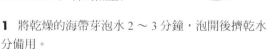

1 將鮪魚罐頭裡的油汁瀝乾，鮪魚大略撕碎，加入
調味料 A 混和拌勻。

2 將烤海苔撕碎，芽菜的根部切除。

3 將作法 **2** 和作法 **1**，依序鋪在薄餅上捲起即可。

海帶芽泡菜捲餅

【材料】5～6 條的分量
白芝麻薄餅* …… 5～6 片
乾燥海帶芽※ …… 10g
白菜泡菜 …… 100g
┌ 麻油 …… 2 小匙
A
└ 醬油和砂糖 …… 各少許

E120kcal（1 條的熱量）

1 將乾燥的海帶芽泡水 2～3 分鐘，泡開後擠乾水
分備用。

2 將泡菜的湯汁稍微瀝乾，略切一下備用。

3 將作法 **1**、作法 **2** 及調味料 A 混和均勻。

4 將作法 **3** 拌好的食材鋪在白芝麻薄餅上捲起即
可。

*將 3 大匙的白芝麻倒入半份薄餅麵糊（參照 P.6 作法）中混勻
後，以煎薄餅（參照 P.7 作法）的方式所煎出來的變化版薄餅。

※ 譯註：日本所賣的乾燥海帶芽有剪過和未剪過。這裡用的
是剪過的海帶芽。

酪梨火腿小黃瓜捲餅

【材料】5～6 條的分量

薄餅 …… 5～6 片

酪梨 …… 1 顆

火腿 …… 10～12 片

小黃瓜 …… 1 條

A

┌ 美乃滋 …… 2 大匙

│ 醬油和味噌 …… 各 1 小匙

│ 山葵 …… ½ 小匙

└ 砂糖 …… 少許

E200kcal（1 條的熱量）

1 將酪梨去籽、去皮後，直切成 7～8mm 寬薄片。

2 小黃瓜斜切成薄片，再切成絲備用。

3 在薄餅上鋪上火腿及作法 **1** 和作法 **2** 後，淋上拌勻的調味料 A 捲起即可。

納豆蘿蔔乾捲餅

【材料】5～6 條的分量

紅紫蘇香鬆薄餅* …… 5～6 片

納豆 …… 2 盒（80g）

醃黃蘿蔔乾 …… 100g

小黃瓜 …… 半條

A

┌ 柴魚片 …… 2 小撮

└ 黃芥末醬和醬油 …… 各少許

E100kcal（1 條的熱量）

1 將醃黃蘿蔔乾和小黃瓜切成 7～8mm 小塊。

2 將作法 **1**、納豆和調味料 A 混和均勻。

3 將作法 **2** 拌好的材料鋪在紅紫蘇香鬆薄餅上捲起即可。

＊將 1 小匙的紅紫蘇香鬆倒入半份薄餅麵糊（參照 P.6 作法）中混勻後，以煎薄餅（參照 P.7 作法）的方式所煎出來的變化版薄餅。

薩摩魚餅萵苣捲餅

【材料】**5 ～ 6** 條的分量
青海苔薄餅* …… 5 ～ 6 片
薩摩炸魚餅 …… 200g
紅葉萵苣 …… 3 片
麻油 …… 1 大匙
味醂和醬油 …… 各 1 小匙
黃芥末醬 …… 少許

E140kcal（1 條的熱量）

1 將薩摩炸魚餅切成 4 ～ 5mm 寬的薄片。

2 將紅葉萵苣撕成大一點的碎片。

3 麻油倒入平底鍋內，油熱了之後，將作法 **1** 稍微炒一下，再沿著鍋邊倒入味醂和醬油，繼續將食材炒至油亮後備用。

4 將作法 **2** 和作法 **3** 鋪在青海苔薄餅上，擠上幾抹黃芥末醬後捲起即可。

＊將 1 大匙的青海苔粉倒入半份薄餅麵糊（參照 P.6 作法）中混勻後，以煎薄餅（參照 P.7 作法）的方式所煎出來的變化版薄餅。

豆芽皮蛋捲餅

【材料】**5 ～ 6** 條的分量
黑芝麻薄餅* …… 5 ～ 6 片
豆芽 …… 1 袋（250g）
皮蛋 …… 2 顆
鹽和酒 …… 各少許
A ┌ 麻油和砂糖 …… 各 1 小匙
　└ 鹽 …… ¼ 小匙

E170kcal（1 條的熱量）

1 將豆芽放入加了鹽和酒的熱水裡煮 3 ～ 4 分鐘，煮好後瀝乾備用。

2 將調味料 A 放進作法 **1** 中拌勻。

3 皮蛋縱切成數等分。

4 將作法 **2** 和作法 **3** 瀝乾後，鋪在黑芝麻薄餅上捲起即可。

＊將 3 大匙的黑芝麻倒入半份薄餅麵糊（參照 P.6 作法）中混勻後，以煎薄餅（參照 P.7 作法）的方式所煎出來的變化版薄餅。

肉燥蔥捲餅

1 先用微波爐做肉燥:將所有材料放進耐熱碗中攪拌均勻後,鬆鬆地覆蓋上保鮮膜,放進微波爐(600W)裡微波 2 分鐘。2 分鐘後拿出來,重新攪拌均勻後,再鬆鬆地覆蓋上保鮮膜,放進微波爐裡繼續微波 3 分鐘。

2 蔥對半直切後,再斜切成薄片備用。

3 將作法 **1** 和作法 **2** 鋪在薄餅上,撒上黑胡椒後捲起即可。

【材料】5 ～ 6 條的分量
薄餅(參照 P.7 作法)…… 5 ～ 6 片
微波爐肉燥
┌ 豬絞肉 …… 200g
│ 酒和醬油 …… 各 2 大匙
│ 砂糖 …… 2 小匙
│ 薑(薑泥)…… 少許
└ 太白粉 …… ½ 小匙
蔥 …… 半根
粗磨黑胡椒 …… 少許
E150kcal(1 條的熱量)

將所有材料放入耐熱碗中,攪拌均勻後再放進微波爐裡加熱。

加熱 2 分鐘後,從微波爐裡把碗拿出,並將材料仔細翻攪均勻後,再次放進微波爐繼續加熱,即可均勻受熱。

只要混合拌勻
即可立即使用的 2 種優質美味醬料

擁有這 2 種魔法般的醬料，薄捲餅就會變得更加美味。
只要將平常身邊隨手可得的食材混合拌勻即可，作法非常簡單，適合在材料有限的時候運用。

橄欖油梅醬

這款梅醬以梅乾和橄欖油為主要材料。這種融合了日式與西式口味的搭配，讓它成為一款風味絕佳的醬料。我推薦大家使用低鹽梅乾，但如果您使用的梅乾鹽味較重的話，可以多加一點砂糖，口味就會變得較溫和。

【材料與作法】易做的分量
梅乾去籽後，用菜刀將梅肉剁碎，做成梅泥。取 4 大匙梅泥，砂糖 1 ～ 3 小匙，橄欖油、味醂和醬油各 1 大匙，以及柴魚片 2g 混和攪拌均勻即可。
E200kcal（總熱量）

只要有橄欖油梅醬，就算使用平凡無奇的餡料，也能讓薄捲餅更具風味。

油豆腐青紫蘇捲餅

將油豆腐略煎一下，然後取 ½ 片油豆腐切成 1cm 寬的油豆腐條，連同 2 片青紫蘇備用。接著在 1 片薄餅（參照 P.7 作法）上抹上適量的橄欖油梅醬，並鋪上準備好的餡料捲起即可。
E130kcal（1 條的熱量）

鯖魚捲餅

將鯖魚罐頭中的油汁瀝乾，鯖魚撕碎後取 30g 備用。接著在 1 片薄餅上抹上適量的橄欖油梅醬，鋪上備好的鯖魚及切成蔥花的細蔥捲起即可。
E140kcal（1 條的熱量）

甜味噌芝麻醬

這款醬料嘗起來就像是具有芝麻風味的甜麵醬。
它可以運用在中式風味拌菜等各種菜餚上,是一款方便好
用的醬料。

【材料與作法】易做的分量
只要將紅味噌 4 大匙,加上味醂 2 ～ 3 大匙,以及麻油、
白芝麻粉和砂糖各 1 大匙,一起混和攪拌均勻即可。
E380kcal(總熱量)

只要有甜味噌芝麻醬,就算只用簡簡單單的餡料,也能做出美味的薄捲餅!

小黃瓜碎蛋捲餅

將 ⅓ 顆水煮蛋略為搗碎,並將 ⅙ 條小黃瓜切成絲備
用。接著在 1 片薄餅上抹上適量的甜味噌芝麻醬
後,鋪上準備好的餡料捲起即可。
E120kcal(1 條的熱量)

高麗菜絲捲餅

將 1 片高麗菜切成絲備用。接著在 1 片薄餅上抹上
適量的甜味噌芝麻醬,鋪上高麗菜絲,最後撒上些
許白芝麻捲起即可。
E110kcal(1 條的熱量)

大阪燒

這款大阪燒所用的高麗菜，比例絕佳。只要準備 **1** 份薄餅麵糊，就能用直徑 **24cm** 大小的平底鍋煎出 **2** 片大阪燒，大約是 **2** 人的分量。也可以用電烤盤來煎。

【材料】
直徑約 23cm×2 片的分量
薄餅麵糊（參照 P.6 作法）
　…… 1 份
高麗菜 …… 400g
薄五花肉片 …… 150g
細蔥 …… 3 ～ 4 根
櫻花蝦 …… 10g
炸麵衣屑※ …… 2 大匙
蛋 …… 2 顆
沙拉油 …… 適量
日式中濃醬※※、青海苔
粉、柴魚片和紅薑
　…… 各適量
E870kcal（1 片的熱量）

1　高麗菜去芯後，切成長 3cm、寬 6 ～ 7mm 的高麗菜絲。高麗菜芯則切成薄片備用。
2　五花肉片切成 3 ～ 4cm 長。
3　細蔥切成蔥花，紅薑略微切碎。
4　將作法 **1** 和作法 **3**、櫻花蝦和炸麵衣屑，放進薄餅麵糊裡攪拌均勻。

5　沙拉油倒入平底鍋，油熱了之後，將一半的作法 **4** 倒入平底鍋中，並往四周推成直徑 23cm 左右的圓餅。
6　將一半的作法 **2** 鋪在作法 **5** 的圓餅上，以較弱的中火煎 5 ～ 6 分鐘。
7　待表面開始變乾且底部煎出金黃色後，即可翻面繼續煎 5 ～ 6 分鐘。豬肉煎熟後再次翻面，用鍋鏟在表面劃十字，並在中間打一顆蛋，煎至半熟。剩下的麵糊也以同樣的方式製作。煎好後，將大阪燒盛盤，淋上醬料，撒上青海苔粉、柴魚片或放一點紅薑等。

加入大量的高麗菜，就是這款大阪燒美味的祕訣。

豬肉開始變色，且表面開始變乾時，就差不多該翻面了。

在十字中間打上一顆蛋，讓蛋白流到縫隙中煎熟。

※ 譯註：原指炸日式天婦羅時產生的麵衣碎屑，現則多直接用麵粉製作。
※※ 譯註：口味介於「伍斯特醬」（Worcestershire sauce）及「日式豬排醬」之間，因此稱為「中濃」。

韭菜大阪燒

這是一款在食材中使用了大量韭菜的大阪燒。
豬絞肉增添了鮮味，煎的時候像韓式煎餅一樣煎成小小一塊。
不蓋鍋蓋煎的話，就可以煎得香香脆脆的。

【材料】

直徑 5～6cm X 14～15 片的分量

薄餅麵糊（參照 P.6 作法）……1 份
高麗菜 …… 300g
韭菜 …… 100g
豬絞肉 …… 100g
櫻花蝦 …… 10g
麻油 …… 適量
檸檬醬油沾醬

A
┌ 檸檬汁 …… 1 大匙
│ 醬油和味醂 …… 各 1 大匙
│ 柴魚片 …… 1 撮
└ 辣油 …… 隨意

E85kcal（1 片的熱量）

1 將高麗菜切成長寬 1cm 左右的大小，韭菜切成 1cm 寬。

2 將作法 **1**、豬絞肉和櫻花蝦放進薄餅麵糊裡攪拌均勻。

3 沙拉油倒入平底鍋內，油熱了之後，分別舀 3 大匙作法 **2** 放入平底鍋中，往四周推成直徑 5～6cm 大的圓餅，煎 5～6 分鐘。待表面開始變乾後，即可翻面繼續煎 5～6 分鐘。

4 作法 **3** 的圓餅煎好後即可盛盤，混合調味料 A，調製成檸檬醬油，沾醬食用。

要煎成小小一片時，將高麗菜切成長寬 1cm 的大小，口感會比較好。

翻面後不需將鍋蓋蓋上，直接煎才能煎得香香脆脆。

可麗餅麵糊

將加入低筋麵粉中的水分改為牛奶或蛋等，另外再加上奶油，即可調製出濃稠的麵糊。
先將奶油熱過，讓奶油稍微焦化後再倒入麵糊裡，可增添風味。

【材料】1 份

低筋麵粉　100g

砂糖　30g

＋

牛奶　280 ～ 300ml

蛋　2 顆

奶油　30g

【作法】

1 在調理盆內打入蛋並將蛋打散，接著放入砂糖攪拌一下，再倒入½的牛奶攪拌均勻。

2 將低筋麵粉過篩後，加入作法 **1**，用打蛋器以畫圓的方式混合拌勻。

3 奶油放進平底鍋後，開中火將奶油煮焦到呈淺咖啡色即可熄火。稍微放涼後，倒入作法 **2** 的麵糊裡，同樣用打蛋器以畫圓方式拌勻。

4 將剩下的牛奶倒入作法 **3** 的麵糊裡，並用打蛋器畫圓拌勻，即可將麵糊稀釋。麵糊做好後，蓋上保鮮膜，放入冰箱靜置 15 分鐘以上即可取出使用。
（由於配方中加了蛋，所以不可久放，需儘快用完。）

可麗餅皮

用熱過奶油的平底鍋（直徑 22 ～ 24cm 最佳）來煎，
不但能保有奶油的風味，
即使油用得少也很好煎。

【材料】直徑 22 ～ 24cm X 10 片的分量

可麗餅麵糊（參照 P.16 作法）…… 1 份
沙拉油 …… 適量

E1080kcal（總熱量）

1 開中火將平底鍋燒熱後，用廚房紙巾沾點沙拉油，在鍋子裡薄薄地抹上一層。接著取 1 湯杓的可麗餅麵糊倒入平底鍋內。

2 快速轉動鍋身，讓麵糊流向四周填滿平底鍋。

3 煎 20 ～ 30 秒，待邊緣開始變乾時，用竹籤將邊邊掀起，然後以鍋鏟翻面。

4 接著繼續煎 10 秒左右即可取出，攤放在盤子上。剩下的麵糊也以同樣的方式煎好，並疊放在同一個盤子上（如果怕會黏在一起，可用廚房紙巾沾一點沙拉油抹在餅皮上）。

7 種值得推薦的餡料

和清淡無味的餡料相比，重口味的西式餡料，比較適合作為夾在可麗餅或捲在可麗餅裡的配料。

培根萵苣番茄可麗餅

【材料】2 片的分量

可麗餅皮 …… 2 片
薄培根肉片 …… 2 片
番茄 …… 1 顆（大）
萵苣 …… 2 片
橄欖油 …… 適量

E210kcal（1 份的熱量）

1 培根肉片切成 3cm 寬。

2 番茄切成 5mm 厚的半月形。

3 將些許橄欖油倒入平底鍋內，油熱了之後，放入作法 **1** 的材料略炒一下後取出。接著再倒入一點橄欖油，再將作法 **2** 備好的番茄排放在平底鍋中略煎一下。

4 將萵苣撕碎鋪在可麗餅皮上，把作法 **3** 炒好的餡料放上排好，最後將可麗餅皮折起即可。

番茄醬炒青椒香腸可麗餅

【材料】2 片的分量

可麗餅皮（參照 P.17 作法）
　……2 片
維也納香腸……4 根
青椒……3 顆
沙拉油……少許
番茄醬……2 大匙
鹽和胡椒……各少許
起司粉……少許

E250kcal（1 份的熱量）

1　維也納香腸斜切成 6 ～ 7mm 寬的薄片。青椒去籽、去內膜後，縱切成 1cm 寬的長條。

2　沙拉油倒入平底鍋內，油熱了之後，放入作法 **1** 略炒一下，然後加入番茄醬、鹽和胡椒調味。

3　將可麗餅皮攤開，鋪上作法 **2** 炒好的餡料，最後撒上起司粉再折起即可。

火腿蛋可麗餅

【材料】**2 片的分量**
可麗餅皮 …… 2 片
蛋 …… 2 顆
火腿 …… 4 片
橄欖油 …… 適量
鹽和黑胡椒 …… 各少許
E260kcal（1 份的熱量）

1 將些許橄欖油倒入平底鍋內，油熱了之後，放入火腿略煎一下。接著在火腿上打一顆蛋，煎成荷包蛋。

2 將可麗餅皮攤開，中間鋪上作法 **1** 的餡料，接著將邊邊折成四角形，折好後要露出荷包蛋。最後撒上鹽和黑胡椒，淋上一點橄欖油調味即可。

鮪魚芹菜沙拉可麗餅

【材料】2 片的分量
可麗餅皮（參照 P.17 作法）
　　…… 2 片
鮪魚（罐頭）
　　…… 1 罐（小）
西洋芹 …… 1 根
A「美乃滋 …… 2 小匙
　└ 砂糖、鹽和胡椒 …… 各少許
E220kcal（1 份的熱量）

1 鮪魚罐頭裡的油汁瀝乾後，將鮪魚撕碎。
2 將西洋芹較粗的纖維削掉，斜切成薄片，過熱水燙一下，瀝乾後放涼備用。
3 將作法 **1**、作法 **2** 與調味料 A 混和拌勻。
4 將可麗餅皮攤開，中間鋪上作法 **3** 拌好的餡料捲起即可。

萵苣火腿可麗餅

【材料】2 片的分量
可麗餅皮 …… 2 片
SPAM 火腿肉※
　　…… 200g
紅葉萵苣 …… 2 片
洋蔥 …… ¼ 顆
橄欖油 …… 少許
番茄醬和西式芥末醬 …… 各適量
E420kcal（1 份的熱量）

1 將 SPAM 火腿肉切成 7 ～ 8mm 厚的火腿片，用橄欖油略炒一下。
2 將紅葉萵苣撕碎。
3 洋蔥切末後泡一下水，再用篩網撈起，把水分擠乾。
4 將可麗餅皮攤開，鋪上作法 **2** 和作法 **1**，再撒上作法 **3** 備好的洋蔥，淋上番茄醬和西式芥末醬，最後將可麗餅皮折起即可。

※ 譯註：SPAM 火腿肉一般又稱為午餐肉。

香蕉火腿可麗餅

【材料】2 片的分量

可麗餅皮 …… 2 片
香蕉 …… 2 根
火腿 …… 6 片
奶油 …… 適量
砂糖、鹽和胡椒
　…… 各少許

E300kcal（1 條的熱量）

1　將奶油放入平底鍋內加熱。奶油融化後，放入火腿略煎一下即取出。

2　使用作法 **1** 的平底鍋將香蕉稍微煎一下，然後撒上砂糖、鹽和胡椒拌勻。

3　將可麗餅皮攤開，鋪上作法 **1** 和作法 **2** 的餡料後捲起，再切成適口大小即可。

卡門貝爾起司佐橘醬可麗餅

【材料】2 片的分量

可麗餅皮 …… 2 片
柑橘果醬 …… 4 大匙
卡門貝爾起司 …… 60g

E310kcal（1 份的熱量）

1　卡門貝爾起司切成楔形薄片。

2　將可麗餅皮攤開，塗上柑橘果醬後折起。折起後再將作法 **1** 切好的起司放上去，淋上柑橘果醬即可。

2 種簡單的自製醬料

在這裡為大家介紹我們家招牌醬料當中，適合用在可麗餅上的 2 種醬料。作法簡單，只要將食材混合拌勻即可。

不管是哪一種醬料，都是將洋蔥磨成泥來提味。加了洋蔥泥後，味道比較有整體感，也比較有層次。

簡易千島醬

大家所熟悉的千島醬，是由番茄醬、美乃滋、辣椒醬和多種辛香類蔬菜所做成的粉橘色醬料。在此，我們以 4 種食材製作。作法與材料雖然簡單，但你一定會對做出來的味道感到驚訝，這是因為加了洋蔥的關係。

【材料與作法】易做的分量

將番茄醬 3 大匙、美乃滋 2 大匙、醋 1 大匙與磨好的洋蔥泥 1 小匙，混和拌勻即可。

E220kcal（總熱量）

簡易千島醬可搭配的餡料

紅葉萵苣鮪魚可麗餅

在一張可麗餅皮（參照 P.17 作法）塗上適量的簡易千島醬，接著撕一片紅葉萵苣鋪上，最後放上 1 大匙鮪魚再折起即可。

E170kcal（1 份的熱量）

芥末美乃滋醬

大家對於三明治裡的美乃滋加了芥末醬後所呈現的美味，一定感到很熟悉。但如果再加上洋蔥泥和醋，口味就會變得更有深度，是一款很像塔塔醬風味的醬料。
稍微加一點點砂糖的話，味道會變得比較柔和。
這款醬料很適合用來淋在炸牡蠣或烤肉上。

【材料與作法】易做的分量
將美乃滋和顆粒芥末醬各 3 大匙，與磨好的洋蔥泥 1 小匙、醋 2 小匙以及砂糖 1 撮，混和拌勻即可。
E350kcal（總熱量）

芥末美乃滋醬可搭配的餡料
炸蝦可麗餅

取 1 片萵苣切絲。小蝦挑除腸泥後去殼，依序沾上適量的麵粉、蛋液和麵包粉後，放進 170℃的熱油中炸得酥脆，炸好後將油瀝乾備用。上述材料做好後，在一張可麗餅皮塗上適量的芥末美乃滋醬，接著將切成絲的萵苣和 3 尾小炸蝦鋪上，最後再折起即可。

E240kcal（1 份的熱量）

Part 2

「稠」麵糊

這是一款有一定濃度的稠麵糊。將加入低筋麵粉的水量分為三個階段進行調整，即可讓菜色一口氣產生不同的變化。

蒸糕麵糊

蒸糕麵糊可說是「濃稠」麵糊中的基本款，所使用的水分為清水。
將泡打粉※加入低筋麵粉中混合後，蒸煮時便會膨脹。
製作時需加一點砂糖，並加入少許的鹽和沙拉油用以提味。

【材料】1 份

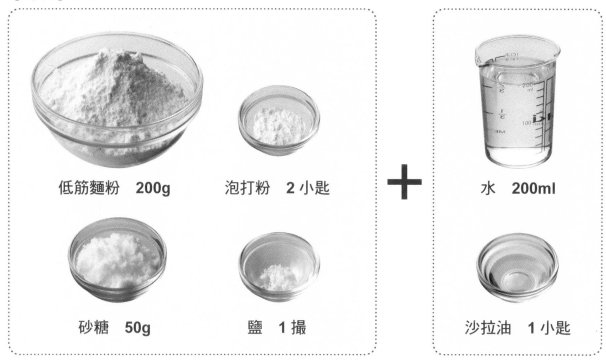

低筋麵粉　200g　　泡打粉　2 小匙

砂糖　50g　　鹽　1 撮

＋

水　200ml

沙拉油　1 小匙

※ 譯註：泡打粉（Baking Powder）又稱發粉，簡稱為 B. P.，和小蘇打粉（Baking Soda）一樣，是常用於製作麵包和甜點的材料。

【作法】

1 在調理盆內擺一只篩網，倒入低筋麵粉、泡打粉、砂糖和鹽混合後過篩。

2 在作法 **1** 篩過的材料中間做一個凹槽，並倒入沙拉油。

3 將量好的水，分次一點一點倒入調理盆中，同時以打蛋器攪拌均勻。

蒸糕

這個配方所做出來的蒸糕口感並不那麼蓬鬆，
反而比較Q，而且有嚼勁，
所以即使冷掉也不會變硬，味道亦不會改變。

1 將烘烤紙杯放進鋁杯
內，蒸糕麵糊倒進紙杯
中，每一個約倒八分滿。

2 將作法 **1** 裝好麵糊的杯
子放進蒸具＊＊裡排好，放
到冒著蒸氣的鍋裡，以偏
強的中火隔水蒸 12 ～ 15
分鐘左右。

【材料】直徑約 **7cm X** 高 **4cm**
的杯狀容器＊約 **8** 個的分量

蒸糕麵糊 ⋯⋯ 1 份
E120kcal（1 個的熱量）

＊蒸糕用的模型
如果使用的是布丁模這一類的鋁
杯，需先在杯內放上尺寸差不多
的烘烤紙杯，再倒入麵糊。如果
用的是矽膠杯、陶瓷杯或放蕎麥
麵沾醬用的杯子等，則可以將麵
糊倒進去直接蒸。即使模具大小
不太一樣，也只要調整一下蒸煮
的時間。如果表面有裂開，整體
有彈性，用竹籤從蒸糕中間往下
插而沒有沾上麵糊的話，就表示
蒸好了。

＊＊用平底鍋也可以蒸
將裝了蒸糕麵糊的鋁杯等容器放
進平底鍋內排好，接著在鍋裡倒
入熱水，水位大約為模具的一半
高，然後蓋上鍋蓋蒸煮即可。熱
水變少時，可在中途補加。這種
調理方式很適合於戶外炊煮時使
用。

各種加了餡料的蒸糕

只要在製作時加入餡料，就可以做成各種加料的蒸糕。
將餡料加入蒸糕麵糊裡拌勻後再倒入模型，由於餡料會讓麵糊變重，所以蒸的時候比較不容易膨脹。因此，建議將麵糊倒入模型後再擺上餡料。餡料放上去之後，用筷子將餡料輕輕地戳進麵糊裡，這樣便能讓餡料與麵糊結合在一起，而不會在蒸好的時候散掉。

用陶瓷杯做的蒸糕，不像杯子蛋糕一樣方便取出，有時無法讓整塊蒸糕順利脫模，所以用湯匙舀著吃是最方便的吃法。

蟹肉玉米起司蒸糕

【材料】

直徑約 **7cm X** 高 **4cm** 的杯狀容器約 **8** 個的分量

蒸糕麵糊（參照 P.24 作法）…… 1 份
蟹肉條 …… 4 條
冷凍甜玉米粒或甜玉米罐頭 …… 50g
披薩用起司 …… 40g
E160kcal（1 個的熱量）

1 蟹肉條切成 1.5cm 寬的大小後撕開。

2 甜玉米粒的湯汁略為瀝乾。

3 準備好模型。

4 將蒸糕麵糊倒進作法 **3** 的模型中，每一個約倒八分滿。

5 將作法 **1**、作法 **2**，及披薩用起司放到作法 **4** 的麵糊上，用筷子輕戳，將餡料戳進麵糊裡，接著放到冒著蒸氣的蒸具裡排好，蒸煮 15 分鐘左右即可。

使用陶瓷材質的杯碗作為模型時，先薄薄地抹上一層沙拉油再倒入麵糊，蒸糕會比較容易取出。

放上餡料後，整體材料的高度會增加，所以倒入模型裡的麵糊量，原則上必須低於八分滿。

放上餡料之後，用筷子輕戳幾下，讓餡料與麵糊結合。

羊栖菜蒸糕

【材料】直徑約 7cm X 高 4cm 的杯狀
容器約 8 個的分量

蒸糕麵糊（參照 P.24 作法）……1 份
燉羊栖菜（易做的分量）*

［ 乾燥羊栖菜芽 …… 10g
　紅蘿蔔 …… 50g
　酒、醬油、砂糖 …… 各 1 大匙
　麻油 …… 1 小匙

E130kcal（1 個的熱量）

＊做完蒸糕後若有剩下，可以拿來作為便當菜使用。亦可冷凍起來備用。

1 先把燉羊栖菜做好備用：將羊栖菜芽浸泡在水裡約 30 分鐘，待泡軟復原後過篩，略洗一下後瀝乾。

2 將紅蘿蔔切成 3 ～ 4mm 厚的銀杏葉狀。

3 將麻油倒入平底鍋內，油熱了之後，放入作法 **1** 和作法 **2** 略炒一下。接著將酒、醬油和砂糖等事先調好的調味料，沿著鍋邊倒入，蓋上鍋蓋悶煮至湯汁收乾為止。中途偶爾需打開鍋蓋拌炒一下。煮好後熄火放涼。

4 將蒸糕麵糊倒進準備好的模型內，每一個約倒八分滿。接著將作法 **3** 準備好的餡料放到麵糊上，用筷子輕戳麵糊 2 ～ 3 下，讓餡料與麵糊結合在一起。

5 將作法 **4** 裝好餡料的模型放進冒著蒸氣的蒸具裡排好，蒸煮 15 分鐘左右即可。

將燉洋栖菜放到麵糊上，再用筷子輕輕地戳幾下，讓麵糊與餡料結合後，才放進蒸具裡蒸。

壽喜燒蒸糕

【材料】直徑約 **7cm X** 高 **4cm** 的杯狀
　　　容器約 **8** 個的分量

蒸糕麵糊 …… 1 份
牛肉壽喜燒（易做的分量）
┌ 碎牛肉 …… 100g
│ 乾燥冬粉 …… 20g
│ 洋蔥 …… 50g
│ 酒、醬油、砂糖 …… 各 1 大匙左右
└ 沙拉油 …… 少許
紅薑（切粗末）…… 少許
E170kcal（1 個的熱量）

1 先把牛肉壽喜燒做好備用：牛肉切成長寬 2cm 大小的碎肉片。冬粉泡在熱水裡，待泡軟復原後瀝乾，並切成 2cm 長度。洋蔥切成 1cm 大小的洋蔥丁。

2 將沙拉油倒入平底鍋內，油熱了之後，放入作法 **1** 切好的洋蔥丁略炒一下。洋蔥炒軟後，再放入作法 **1** 的牛肉和冬粉一起炒。牛肉開始變色時，將酒、醬油和砂糖等調味料沿著鍋邊倒入，蓋上鍋蓋，以較弱的中火煮 5～6

分鐘。煮好後掀起鍋蓋，將醬汁與食材拌炒均勻，煮到上色後即可熄火放涼。

3 將蒸糕麵糊倒進準備好的模型內，每一個約倒八分滿。接著將作法 **2** 的餡料放到麵糊上，用筷子輕戳麵糊 2～3 下，讓餡料與麵糊結合在一起。

4 將作法 **3** 放進冒著蒸氣的蒸具裡排好，蒸煮 15 分鐘左右，最後放上紅薑點綴即可。

舞菇蒸糕

【材料】直徑約 **7cm X** 高 **4cm** 的杯狀
　　　容器約 **8** 個的分量

蒸糕麵糊 …… 1 份
舞菇 …… 200g
奶油 …… 1 大匙
白葡萄酒 …… 1 大匙
鹽和胡椒 …… 各少許
E140kcal（1 個的熱量）

1 將舞菇的根部切除，其餘的部分切成粗末備用。

2 將奶油放進平底鍋內加熱，接著放入作法 **1** 的舞菇略炒一下，淋上白葡萄酒，蓋上鍋蓋悶煮。舞菇悶軟後掀開鍋蓋，將湯汁收乾，最後撒上鹽和胡椒調味。

3 將蒸糕麵糊倒進準備好的模型內，每一個約倒八分滿。接著將作法 **2** 的餡料放到麵糊上，用筷子輕戳麵糊 2～3 下，讓餡料與麵糊結合在一起。

4 將作法 **3** 放進冒著蒸氣的蒸具裡排好，蒸煮 15 分鐘左右即可。

薄鬆餅麵糊

這是一款質地綿密的「稠」麵糊，用牛奶和蛋取代清水。
將泡打粉加入低筋麵粉中混合後，蒸煮時便會膨脹。
砂糖和蜂蜜會帶出淡淡的甜味。如果家裡沒有蜂蜜的話，可多加 1 大匙砂糖代替。

【材料】1 份

泡打粉　2 ½ 小匙

低筋麵粉　200g

蜂蜜　1 大匙

砂糖　40g

鹽　1 撮

＋

牛奶　200ml

蛋　2 顆

【作法】

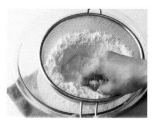

1 在調理盆內打入蛋，並將蛋打散。接著放入砂糖、蜂蜜和鹽，用打蛋器拌勻。

2 牛奶留下一點備用，其餘分次一點一點倒入作法 1，同時以打蛋器攪拌均勻。

3 將低筋麵粉和泡打粉一起過篩，倒入作法 2 的調理盆中，同時將麵糊攪拌均勻。

4 用打蛋器以畫圓的方式混合拌勻。邊攪拌邊倒入留下備用的牛奶以調整麵糊稠度，待麵糊變得綿密即可。

薄鬆餅

作法十分簡單，只要將麵糊圓圓地倒進平底鍋裡煎烤即可。
煎好後塗上奶油，就像吐司一樣。
如果搭配果醬或楓糖漿，便可當作點心食用。

【材料】直徑 10 ～ 12cm X 10 片的分量
薄鬆餅麵糊 …… 1 份
沙拉油 …… 少許
E1290kcal（總熱量）

1 開中火將平底鍋燒熱後，用廚房紙巾沾上沙拉油，在鍋子裡薄薄地抹上一層。

2 將燒熱的平底鍋放到濕抹布上靜置 3 ～ 4 秒，待鍋底溫度變均衡後，再開中火加熱。

3 取 1 湯杓的薄鬆餅麵糊，圓圓地倒入作法 **2** 的平底鍋內（倒入麵糊時，湯杓的位置保持不動，即可讓麵糊擴散成美麗的圓形）。

4 待麵糊表面開始出現氣泡坑洞，且底部亦煎成金黃色時，即可用鍋鏟翻面。翻面後繼續煎 1 ～ 2 分鐘，煎好後盛盤。剩下的麵糊以同樣方式製作。

鬆餅總匯

剛煎好的鬆餅搭配香腸和隨手可做出來的沙拉，
就是一份充滿魅力的輕食餐點。

【材料】2 人份
薄鬆餅 …… 6 片
什錦豆沙拉
　什錦豆（罐頭等）…… 100g
　小番茄 …… 8 ～ 10 顆
　沙拉醬
　　洋蔥泥 …… ½小匙
　　檸檬汁 …… 2 小匙
　A　橄欖油 …… 1 大匙
　　鹽、胡椒、砂糖 …… 各少許
褶邊萵苣 …… 各少許
香腸 …… 4 根（大）
沙拉油 …… 少許
E810kcal

1 先把什錦豆沙拉做好備用：將罐頭什錦豆裡的湯汁瀝乾，小番茄去蒂切半。

2 將 A 所有的食材放進調理盆中調勻後，倒入作法 **1** 的食材拌勻。

3 將沙拉油倒入平底鍋內，油熱了之後，放入香腸略煎一下。煎的時候要不時翻動香腸換面。

4 薄鬆餅盛到盤子裡，放上作法 **2** 和作法 **3** 及撕碎的褶邊萵苣即可。

紅蘿蔔火腿起司鬆餅塔

這是一款混合了紅蘿蔔泥後烤出來的鬆餅，
不喜歡紅蘿蔔的小朋友也可以很開心地享用。
夾了火腿和起司後，最終疊成 5 層。
這種鬆餅塔的形狀很受大家的歡迎。

【材料】5 層鬆餅 X 2 組的分量
薄鬆餅麵糊（參照 P.30 作法）
…… 1 份
紅蘿蔔 …… 1 根（小）
薄火腿片 …… 16 片（100g）
起司片 …… 8 片
低筋麵粉 …… 1 ～ 2 大匙
沙拉油 …… 少許
E1020kcal（1 組的熱量）

將所有的食材疊好後再切成 4 等
分，會比較方便享用。疊好 5 層
後直接享用，或取 2 ～ 3 層分別
享用也可以。

1 紅蘿蔔去皮後磨成泥，略微瀝
乾後，放入薄鬆餅麵糊裡拌勻。將
額外的低筋麵粉過篩後，倒入麵糊
裡並調整好稠度，然後以煎薄鬆餅
（參照 P.31 作法）的方式來煎。
2 將沙拉油倒入平底鍋內，油熱
了之後，放入火腿略煎一下。
3 將作法 **2** 備好的火腿 2 片和起
司 1 片，依序放到作法 **1** 煎好的
鬆餅上，疊成 5 層的鬆餅塔即可。

紅蘿蔔磨成泥後再加進麵糊裡。
即使已將紅蘿蔔泥的水分稍微瀝
乾，但整體來說水分還是有增
加，所以需另外加入低筋麵粉調
整稠度。

馬鈴薯夾心鬆餅

將德式熱馬鈴薯沙拉放到鬆餅上，
對折成歐姆蕾的形狀。這款鬆餅不只形狀可愛，
對小朋友來說也是容易享用的餐點。

【材料】10 個的分量

薄鬆餅（參照 P.31 作法）
　　……10 片
簡易德式熱馬鈴薯沙拉
　馬鈴薯 …… 2 ～ 3 顆（300g）
　洋蔥 …… 半顆（100g）
　薄培根片 …… 2 片
　　醋 …… 2 大匙
　　顆粒芥末醬 …… 1 大匙
　A 沙拉油 …… 1 大匙
　　砂糖 …… 2 小匙
　　鹽和胡椒 …… 各少許

E190kcal（1 個的熱量）

1 先將馬鈴薯洗淨，放到耐熱盤中並蓋上保鮮膜，再放進微波爐（600W）裡加熱 6 ～ 7 分鐘。加熱後拿竹籤從中間往底部插下去，若可一口氣插到底，就表示馬鈴薯熟熟了。

2 培根切成 5mm 寬，洋蔥切成薄片。

3 將作法 **2** 的食材和調味料 A 放進耐熱碗裡，稍微攪拌一下，蓋上保鮮膜，再放入微波爐裡加熱 3 分鐘左右。

4 將作法 **1** 熱好的馬鈴薯去皮後捏碎，放入作法 **3** 的耐熱碗裡與其他材料攪拌均勻。

5 將作法 **4** 拌好放到鬆餅上，對折成歐姆蕾的形狀。

將簡易德式熱馬鈴薯沙拉中，除了馬鈴薯以外的食材通通混合在一起，放進微波爐裡加熱，即可將基本餡料做好。

用微波爐將馬鈴薯熱熟，變軟後用手捏碎，加到基本餡料裡拌勻即可。

厚鬆餅麵糊

將薄鬆餅麵糊裡的牛奶分量從 200ml 減少為 150ml，
即可調成濃度較高的「濃稠」麵糊。牛奶之外的材料和作法皆和薄鬆餅麵糊
（參照 P.30 作法）相同。
只要記住這個配方，隨時都可以在家自製鬆餅。

【材料】1 份

泡打粉　2 ½小匙

低筋麵粉　200g

蜂蜜　1 大匙

砂糖　40g

鹽　1 撮

＋

牛奶　150ml

蛋　2 顆

厚鬆餅

厚鬆餅的煎法和薄鬆餅的煎法幾乎相同，但因為麵糊較稠，也略有厚度，所以需要一點時間把麵糊煎熟。翻面後記得要把火轉小再煎，才不會焦掉。

【材料】直徑 10 ～ 12cm
　　　　 X 6 ～ 7 片的分量
厚鬆餅麵糊 …… 1 份
沙拉油 …… 少許
E1250kcal（總熱量）

1　開中火將平底鍋燒熱後，用廚房紙巾沾上沙拉油，在鍋子裡薄薄地抹上一層。接著將燒熱的平底鍋放到濕抹布上靜置 3 ～ 4 秒，待鍋底溫度變均衡後，再開中火加熱，然後取 1 湯杓的厚鬆餅麵糊，圓圓地倒入平底鍋內。

2　待麵糊表面開始變乾，稍微膨脹並出現氣泡，且底部亦煎成金黃色時，即可用鍋鏟翻面。

3　翻面後將火稍微轉小，繼續煎 2 ～ 3 分鐘即可盛盤。剩下的麵糊也以同樣的方式製作。

在剛煎好的厚鬆餅上塗上奶油，並淋上滿滿的楓糖漿！
這樣的吃法雖然簡單，卻怎麼都吃不膩，可說是不朽的搭配。

【材料】直徑約 **24cm X 1** 片的分量[*]
厚鬆餅麵糊（參照 P.34 作法）
　……1 份
維也納香腸 …… 120g
小番茄 …… 1 盒（15 ～ 16 顆）
沙拉油 …… 少許
E1670kcal（總熱量）

1　維也納香腸切成 2cm 長度，小番茄去蒂備用。

2　將作法 **1** 的食材倒入厚鬆餅麵糊裡拌勻。

3　用廚房紙巾沾一點沙拉油，在平底鍋裡薄薄地抹上一層後，開小火熱鍋，再倒入作法 **2** 的麵糊，接著蓋上鍋蓋煎 12 ～ 15 分鐘。待麵糊表面開始變乾後即可翻面，然後蓋上鍋蓋繼續煎 7 ～ 8 分鐘。煎得差不多時，可用竹籤插入鬆餅，若沒沾上麵糊即表示煎好了。最後將煎好的厚鬆餅切成 2cm 立方的小塊，即可盛盤。

[*] 1 片大約是 5 ～ 6 人份。將所有材料減半，即可煎出 1 片直徑 20cm、大約是平底鍋大小的厚鬆餅。

番茄香腸厚鬆餅

將冰箱裡隨手可得的食材加進厚鬆餅麵糊中再煎過，
就成了加料的厚鬆餅。
煎好的鬆餅很厚，建議切成適口大小會比較方便食用。

將維也納香腸切成和小番茄差不多大小後，一起倒入麵糊裡。

麵糊表面幾乎都已經變乾時，即可準備翻面。將鬆餅外圈剝離平底鍋後，用鍋蓋接過鬆餅，此時鬆餅底面朝上，然後將鬆餅移回鍋內再煎。

【材料】直徑約 **24cm X 1 片的分量***
厚鬆餅麵糊 …… 1 份
綜合沙拉豆（罐頭等）…… 100g
加工起司 …… 100g
沙拉油 …… 少許
E1730kcal（總熱量）

1 將綜合沙拉豆的豆汁瀝乾，起司切成 7 ~ 8mm 立方的小塊。

2 將作法 **1** 的食材倒入厚鬆餅麵糊裡拌勻後，即可入鍋煎烤。煎法參照 P.36。煎好後，將鬆餅切成 2cm 寬的細放射狀即可。

* 1 片大約是 5 ~ 6 人份。將所有材料減半，即可煎出 1 片直徑 20cm、大約是平底鍋大小的厚鬆餅。

雜豆起司厚鬆餅

這是一款加了罐裝或袋裝綜合沙拉豆及起司所煎出來的厚鬆餅。
煎成大大的一片後，再細切成放射狀，即可方便享用。

將起司切成與綜合沙拉豆一般大的塊狀後，再一起倒入麵糊中拌勻。

只要有桌上型瓦斯爐和平底鍋，即可在戶外炊煮

今天，我妹妹、妹妹的大女兒小詩和二女兒小文也一起來同樂。吃飯時間一到，她先生和大兒子小涼也一起加入。小涼只有1歲，食慾卻很好，吃完了鬆餅，還會想再來一塊呢！

我們家偶爾會在戶外煮些東西。雖然因為孩子們年紀都還很小，只能把桌子和桌上型瓦斯爐搬到院子裡，做些簡單的菜，但因為很特別，所以大家都玩得很開心。我們在戶外炊煮時，經常會使用低筋麵粉來做菜，主要是因為麵糊和麵團很容易做，而且只要做一樣，便可同時吃到主食和配菜。今天我妹妹的孩子們也一起來玩。我們會在厚鬆餅麵糊裡加入綠花椰菜和培根，然後像做西班牙蛋餅一樣煎成厚厚的一大片。這一道主菜再搭配同樣可以利用平底鍋做成的奶油玉米濃湯，以及用許多綠黃色蔬菜做成的沙拉，就變成一桌能讓大家都吃得很開心的豐盛午餐。

Menu 1

綠花椰培根厚鬆餅

這是一款放了許多綠花椰菜煎成的加料厚鬆餅。

【材料與作法】直徑約 24cm X 1 片的分量
E1720kcal（總熱量）

1 將綠花椰菜（約 200g）切成小朵後，放進加了鹽的熱水裡汆燙，燙好後將水分瀝乾並放涼備用。接著將培根 100g 切成 1cm 立方的小塊備用。上述材料備好後，倒入 1 份厚鬆餅麵糊（參照 P.34 作法）裡混合拌勻。姐姐小詩還會叮嚀妹妹說：「小文，不可以把材料灑出來喔！」

2 用廚房紙巾沾一點沙拉油，在直徑 24～25cm 的平底鍋裡薄薄地抹上一層後，開小火熱鍋，接著倒入作法 1 的材料。大人在一旁鼓勵小詩說：「可以一口氣倒進去喔！」

3 倒入麵糊後，蓋上鍋蓋煎 12～15 分鐘。等待時，孩子們一直說，「真希望趕快煎好！」待麵糊表面開始變乾即可翻面，然後蓋上鍋蓋繼續煎 7～8 分鐘。煎得差不多時，可用竹籤插入鬆餅，若沒沾上麵糊即表示煎好了。

加料的厚鬆餅，切法很重要。切小塊一點，對 4 歲的小文來說比較方便食用。

Menu 2
奶油玉米濃湯

這是一款用平底鍋
就可以做出來的簡單食譜。
重點就在一開始需將奶油煮焦，
也就是煮出奶油香。

【材料與作法】4 人份
E180kcal

1 挖 1 大匙奶油放進平底鍋裡，開火加熱。加熱時總會聽到「味道好香啊！」這句話。

2 奶油融化後繼續加熱，待顏色漸漸變成咖啡色時，將 1 罐大的甜玉米罐頭倒進去。

3 將 400ml 的牛奶倒入作法 2。我們跟小朋友們說：「可以把牛奶倒入空玉米罐裡，搖一搖後再倒出來喔！」最後加點鹽和胡椒調味，煮沸後即可關火。

戶外午餐完成了。比較靠近鏡頭的是綠花椰培根厚鬆餅，裡面那一盤是豐盛又漂亮的什錦蔬菜沙拉，在這兩盤旁邊的則是奶油玉米濃湯和蘋果汁。

Menu 3
什錦蔬菜沙拉

不管是烤蔬菜、溫蔬菜、
還是新鮮蔬菜，都可以放進盤裡
變成一盤什錦蔬菜沙拉。

【材料與作法】4 人份
E60kcal

1 將南瓜 100g 去籽、去蒂後縱切成薄片，接著放進以少許沙拉油熱過的平底鍋中煎烤。

2 將半條西洋芹的粗纖維削去，斜切成長薄片。接著將半個甜椒去籽，縱切成細長條備用。然後取 1 條小黃瓜斜切成長薄片。如果做厚鬆餅時有剩下汆燙過的綠花椰菜，亦可拿來使用。

3 將作法 1 和作法 2 準備好的食材盛盤，搭配適量的簡易千島醬（參照 P.22 作法），即可上桌。

美式熱狗麵糊

將薄鬆餅麵糊（參照 **P.30** 作法）裡的牛奶從 **200ml** 減少為 **80～90ml**，即可調成比厚鬆餅麵糊（參照 **P.34** 作法）濃度還要高的「濃稠」麵糊。這種麵糊用來做炸東西時裹的麵衣剛剛好。
牛奶之外的材料和作法，皆和薄鬆餅麵糊相同。

【材料】1 份

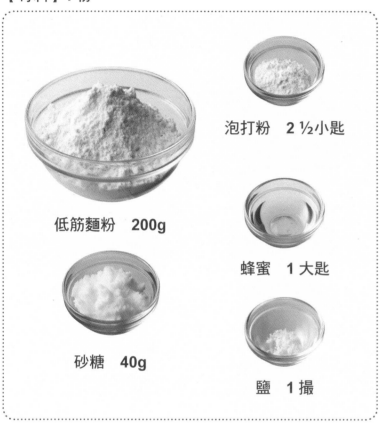

泡打粉　2 ½小匙

低筋麵粉　200g

蜂蜜　1 大匙

砂糖　40g

鹽　1 撮

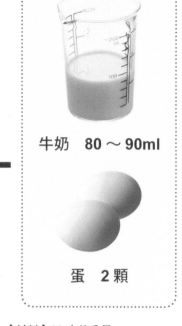

牛奶　80 ～ 90ml

蛋　2 顆

【材料】**20** 支的分量
美式熱狗麵糊 …… 1 份
維也納香腸（5 ～ 6cm 長）
　…… 20 根
油炸用的油 …… 適量
番茄醬和西洋黃芥末醬 …… 適量
E220kcal（1 支的熱量）

維也納香腸熱狗

使用外型短胖的法蘭克福維也納香腸來做，還滿方便的。
不管是大人或小孩都能一起同享，用來作為配啤酒的下酒菜，大小也剛好。
順道一提，**1** 份美式熱狗麵糊可以裹出 **10** 根一般大小的法蘭克福維也納香腸。

1 用一隻手將裝著美式熱狗麵糊的調理盆斜拿著，另一隻手拿著插好竹籤的香腸放進麵糊裡，讓香腸沾裹上厚厚一層麵糊。
2 將油炸用的油倒入平底鍋中燒熱至 170℃，接著將作法 **1** 的熱狗放入鍋中炸 3 ～ 4 分鐘。油炸時可用長筷子來回翻動香腸，炸到表皮呈金黃色。炸好後將油瀝乾並盛盤，最後擠上番茄醬和西洋黃芥末醬即可享用。

讓香腸沾裹上厚厚一層麵糊的訣竅，就是先將調理盆傾斜後，再放入香腸沾裹麵糊。

為了讓麵衣厚度均勻，炸的時候要用長筷子來回翻動香腸，直到麵衣表面凝固為止。

有剩餘的美式熱狗麵糊時……

美式熱狗麵糊裡加了牛奶，也加了蛋，是一款濃厚的麵糊。如果有剩的話，丟了很可惜。因此可以切一點香腸倒入麵糊裡拌匀（作法 **A**），油炸成像一口大小的甜甜圈一樣，把麵糊用完（作法 **B**）。除此之外，當預定來訪的客人人數臨時增加，卻突然發現香腸數量比人數還少的時候，也不需要驚慌，利用這個方法，便可自由調整數量。

A 將香腸切成 1cm 寬的大小後，倒入麵糊裡拌匀。

B 用兩支湯匙取一些麵糊，放到燒熱至 170℃ 的油鍋裡炸。炸的時候要一邊翻動麵糊，約炸 3～4 分鐘，直到呈金黃色即可。

【材料】約 **20** 個的分量

美式熱狗麵糊（參照 P.40 作法）…… 1 份

鮪魚罐頭 …… 1 罐（大）

甜玉米罐頭 …… 100g

乾燥香草（羅勒、奧勒岡等等）…… 少許

鹽和胡椒 …… 各少許

油炸用的油 …… 適量

E130kcal（1 個的熱量）

1 鮪魚罐頭中的油汁完全瀝乾後，將鮪魚撕開備用。玉米罐頭也同樣瀝去湯汁。

2 將美式熱狗麵糊倒入調理盆中，接著放入乾燥香草、作法 **1**、鹽和胡椒後拌勻。

3 用兩支湯匙取一些作法 **2** 的麵糊，放到燒熱至 170℃的油鍋裡。炸的時候要一邊翻動麵糊，約 3 ～ 4 分鐘，直到呈金黃色即可。炸好後將油瀝乾，即可盛盤。

鮪魚玉米甜甜圈

這是一款在麵糊裡加了鮪魚、玉米和乾燥香草拌勻後，炸成一口大小的加料甜甜圈。
在麵糊裡多加一點鹽是這款食譜的重點，藉此可讓味道呈現出對比。

鮪魚撕開後再放入麵糊裡。玉米用冷凍的也 OK。乾燥香草可選擇自己喜歡的使用。

【材料】約 20 個的分量
美式熱狗麵糊（參照 P.40 作法）…… 1 份
油炸用的油 …… 適量
砂糖和起司粉 …… 各 2 大匙
E100kcal（1 個的熱量）

1 用兩支湯匙取約適口大小分量的美式熱狗麵糊，放到燒熱至 170℃ 的油鍋裡炸。炸的時候要一邊翻動麵糊，約 3 ～ 4 分鐘，直到呈金黃色即可。炸好後將油瀝乾。
2 將砂糖和起司粉拌勻後，趁熱把作法 **1** 炸好的小甜甜圈放入調理盆裡，並撒上起司糖粉。

砂糖起司小甜甜圈

這款小甜甜圈很適合當作零食或點心。
咬起來很有咬勁，味道卻很溫和，容易入口。
炸好後要趁熱撒上砂糖和起司。

一般的白砂糖比細白砂糖更適合用在這款小甜甜圈上。需先與起司粉一起拌好後再撒。

趁小甜甜圈還熱著時把起司粉撒上，才能讓起司粉附著，所以油一瀝乾就要立刻撒上。

只要有「牛奶麵糊」
就不會失敗的餡料焗烤

在特別篇裡，要跟大家介紹「牛奶麵糊」。只要學會做「牛奶麵糊」，就能輕輕鬆鬆地做出焗烤。所謂「牛奶麵糊」，是指用比低筋麵粉的量多出約 10 倍左右的牛奶，拌入低筋麵粉後打勻的麵糊。其實就是白醬麵糊。只要用平底鍋將食材做好，再加入「牛奶麵糊」加熱後，全部倒入耐熱容器中，最後送進小烤箱裡烤一下上色即可。如果倒入耐熱容器後，離送進小烤箱烤還有一段時間，焗烤麵糊因此冷掉的話，可先放進微波爐裡熱一下再送進小烤箱，這樣短時間內就能把裡裡外外烤得熱騰騰的。只需變換一下材料即可做出各種不同口味的焗烤，但基本作法都相同。首先介紹的是基本菜色：焗烤白蘿蔔。

牛奶麵糊

【材料與作法】1 份
低筋麵粉 …… 40g
牛奶 …… 500ml

1 低筋麵粉過篩後倒入調理盆中。接著在低筋麵粉上倒入少量的牛奶，並用攪拌器拌勻。

2 將剩下的牛奶分次一點一點倒入調理盆中，同時以打蛋器攪拌均勻至麵粉完全溶於牛奶為止。

【材料】4～5 人份
牛奶麵糊 …… 1 份
白蘿蔔 …… 半條（500g）
培根 …… 50g
杏鮑菇 …… 100g
┌ 雞湯塊 …… 半塊
A 柴魚片 …… 1 撮
└ 水 …… 200ml
奶油 …… 2 大匙
鹽 …… ¼ 小匙
披薩用起司 …… 50g
E240kcal

焗烤白蘿蔔

1 將白蘿蔔切成長 3～4cm、寬和高為 5mm 左右的長條狀。
2 培根切成 5mm 大小，杏鮑菇切成 3～4cm 的細絲。
3 將奶油放進平底鍋中加熱後，放入作法 **2** 的培根略炒一下。接著依序加入杏鮑菇絲及作法 **1** 的白蘿蔔條拌炒 2～3 分鐘，待白蘿蔔條炒軟後，倒入調味料 A，蓋上鍋蓋並將火稍微轉弱，悶煮 10 分鐘左右，直到白蘿蔔完全軟化為止。

4 牛奶麵糊使用前再攪拌一下，倒入作法 **3** 裡，以偏強的中火邊攪拌邊熬煮 3～4 分鐘，將麵糊熬稠，並把麵粉煮熟。最後再加點鹽調味。
5 將作法 **4** 的食材倒入耐熱容器裡並撒上起司，放進小烤箱裡烤 5～6 分鐘（大烤箱請設定為 220～230℃，烤 7～8 分鐘），烤到上色即可。

白蘿蔔條炒軟後，接著倒入牛奶麵糊。牛奶麵糊放著會讓麵粉沉澱在底部，所以使用前一定要先攪拌一下再倒進去。

倒入牛奶麵糊後，以橡皮刀等工具邊攪拌邊煮，讓麵粉完全煮熟。

為了增添香味，也為了上色，可撒上一些起司。

焗烤高麗菜

高麗菜的甜味讓這款焗烤更添風味。

【材料】5～6人份

牛奶麵糊（參照 P.44
　作法）…… 1 份
高麗菜
　…… 半棵（約 600g）
混合絞肉※ …… 150g

A 「雞湯塊 …… 半塊
　└ 水 …… 200ml
奶油 …… 1 大匙
披薩用起司 …… 50g
鹽 …… ¼ 小匙
E210kcal

1 高麗菜去芯後，切成長寬 3cm 左右的大小，高麗菜芯切成薄片。

2 奶油放進平底鍋中加熱。奶油融化後，放入混合絞肉略炒一下。炒成肉燥後，放入作法 **1** 的材料繼續拌炒 2～3 分鐘，接著倒入 A 並蓋上鍋蓋悶煮 7～8 分鐘。

3 將牛奶麵糊倒入作法 **2** 的食材裡熬煮，煮好後加點鹽調味。再倒入耐熱容器裡並撒上起司，接著放進小烤箱裡烤到上色即可（參照 P.44 的作法 **4** 和作法 **5**）。

※ 譯註：日本使用的混合絞肉通常是牛肉和豬肉的混合。

焗烤鮮菇

一開始只是用冰箱裡剩餘的食材來做，卻成為一道受歡迎的焗烤菜。

【材料】5～6人份

牛奶麵糊（參照 P.44
　作法）…… 1 份
鴻禧菇 …… 200g
新鮮香菇 …… 100g
洋蔥 …… 1 顆
豬肉薄片 …… 200g

奶油 …… 1 大匙
A 「雞湯塊 …… 半塊
　└ 水 …… 150ml
披薩用起司 …… 50g
鹽 …… ¼ 小匙
E250kcal

1 菇類除去根蒂後，將鴻禧菇分成小朵，香菇切成 5～6mm 寬的薄片備用。

2 將洋蔥切成薄片。

3 奶油放進平底鍋加熱。融化後，放入作法 **2** 的洋蔥炒 2～3 分鐘，接著將切成適口大小的豬肉薄片弄散放入鍋內一起拌炒。待豬肉顏色變白後加入作法 **1** 的材料繼續拌炒，接著倒入 A，蓋上鍋蓋悶煮 6～7 分鐘。

4 將牛奶麵糊倒入作法 **3** 的食材裡熬煮，煮好後加點鹽調味。味道調好後倒入耐熱容器裡並撒上起司，接著放進小烤箱裡烤到上色即可（參照 P.44 的作法 **4** 和作法 **5**）。

焗烤鮮蝦南瓜

只用一只平底鍋，不需烤到上色就可完成。
做好後可以直接端上桌。此外，這份食譜也很適合戶外炊煮。

【材料】5～6人份

牛奶麵糊（參照 P.44 作法）
　……1份
南瓜 …… 500g
去殼鮮蝦 …… 150g
洋蔥 …… 半顆
白酒和胡椒 …… 各少許
鹽 …… 適量
奶油 …… 2 大匙
A「 雞湯塊 …… 半塊
 └ 水 …… 200ml
披薩用起司 …… 50g

E250kcal

將起司撒滿整鍋，待起司融化
後，即可連同平底鍋一起端上
桌。

1 南瓜去籽、去蒂後，切成 7 ～ 8mm 厚的銀杏葉狀。洋蔥切成薄片。

2 蝦子去沙筋後，倒入一點白酒和鹽，再撒上胡椒。

3 奶油放進平底鍋中加熱。奶油融化後，放入洋蔥炒 5 ～ 6 分鐘。待洋蔥炒成淺咖啡色後，把南瓜放進去一起拌炒，接著倒入 A，蓋上鍋蓋悶煮 6 ～ 7 分鐘。

4 南瓜煮軟後，將作法 **2** 放進鍋裡，再倒入牛奶麵糊一起熬煮，把麵粉煮熟。煮好後加點鹽調味，最後撒上起司，待起司融化即完成。

Part 3 「Q」麵團

將溫水倒入低筋麵粉中揉勻，便可揉出 Q 麵團。若是再加入泡打粉，又是另一款「Q」麵團，透過這二種麵團可變化出各式各樣的菜色。

基本款「Q」麵團

將相當於低筋麵粉一半分量的溫水倒入低筋麵粉中揉勻，然後加點鹽和沙拉油。溫水不要一口氣加完，務必要留下一點點以備不時之需。揉麵團時要邊揉邊觀察麵團的狀況，視需要調整硬度。

【材料】1 份

低筋麵粉　200g　　鹽　1 撮

＋

溫水
90 〜 100ml

沙拉油　2 小匙

【作法】

1 在調理盆中擺上一只篩網，倒入低筋麵粉和鹽混合後過篩。

2 在作法 **1** 的麵粉中間做一個凹槽，倒入沙拉油。接著倒入溫水，只留下少許備用。

3 將凹槽周圍的粉牆撥入溫水中，讓麵粉和水充分混合後，將麵團抓揉均勻。如果很難揉成一團的話，將事先留著備用的溫水倒一點進去即可稍作調整。

4 麵團逐漸成形時，拿著麵團朝調理盆裡甩打幾下，待麵團的質地接近耳垂的軟度即可。

5 麵團甩好後，將表面往左右拉開，並往下折入底部，使麵團表面呈現光滑的狀態。最後蓋上保鮮膜，靜置 15 分鐘以上。

義大利短麵

如果要自製長麵條類型的義大利麵，比較適合選擇高筋麵粉。
但如果是要做短麵類型的義大利麵，用一般的低筋麵粉就能做得很美味。
半份的基本款「Q」麵團差不多可以做出 2 人份的短麵。
在此為大家介紹 2 種不同形狀的義大利短麵。

用沾了手粉的手心將麵團夾住後，搓成長條狀。

接著全部切成 1cm 寬的大小。

最後用大拇指、食指和中指同時將切割好的麵團捏扁。

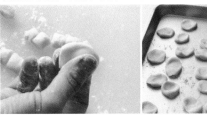

奶油魚子義大利扁麵

像貓耳麵的義大利短麵因為捏成小小的扁圓形，而得此名。
麵煮到一半時，把綠花椰菜放進去一起汆燙，
最後放入我很愛的鱈魚子和奶油拌勻即可。

【材料】2 人份

基本款「Q」麵團 …… 半份
綠花椰菜 …… ½ 棵（100g）
鱈魚子 …… 50g
A ┌ 奶油 …… 2 大匙
　├ 醬油 …… ½ 小匙
　└ 白酒 …… 1 小匙
鹽 …… 少許

E350kcal

1 首先製作義大利扁麵：將半份基本款「Q」麵團分成 4 等分，在手心裡抹上一些低筋麵粉（分量外）後，將每一等分搓成直徑約 1.5cm 的長條狀。

2 在砧板上撒一些低筋麵粉（分量外）後，將作法 **1** 搓好的長條麵團放上去，全部切成 1cm 寬的大小，然後用手指將每一塊小麵團捏扁。

3 將綠花椰菜分成小朵備用。

4 鱈魚子去膜後放進調理盆中，再倒入調味料 A 備用。

5 鍋子裝滿水，加一點鹽後將水煮沸，放入作法 **2** 的短麵煮 9～10 分鐘。接著將作法 **3** 的綠花椰菜放進去，一起燙 30 秒。燙好後將水倒掉瀝乾，放入作法 **4** 中拌勻，即可盛盤。

基本款「Q」麵團
（參照 P.48 作法）…… 半份
鴻禧菇 …… 1 盒（100g）
巴西利和橄欖油 …… 各少許
微波爐番茄醬（參照下列作法）
…… 200g
鹽 …… 少許
E290kcal

番茄鮮菇
義大利手搓麵

像螺旋麵的義大利短麵，是用手將小麵團搓成細紙捲狀做成的。
將搓好的短麵和菇類放在同一個鍋子裡燙煮，起鍋後淋上用微波
爐快速做好的番茄醬拌勻即可。

1 首先製作義大利手搓麵：請參照 P.49 義大利扁麵的作法 **1** 和作法 **2**，將麵團切成 1cm 寬，再將切割好的麵團放在手心裡，用手心搓成細長條狀。

2 將鴻禧菇根部切除後，分成小朵備用。

3 鍋子裝滿水，加一點鹽後將水煮沸，放入作法 **1** 煮 9 ～ 10 分鐘。接著將作法 **2** 的鴻禧菇放進去，一起燙 30 秒左右。燙好後將水倒掉瀝乾，倒入番茄醬（作法如下）拌勻即可。

4 拌好後盛盤，最後撒一點切碎的巴西利，淋上橄欖油即可享用。

像在搓紙捻一樣捻捲麵團，即可做成類似螺旋麵的樣子。

用微波爐
簡單做出番茄醬

番茄醬是少數能用微波爐做出來的料理。讓人感到驚訝的是作法簡單又不花時間，做出來的番茄醬卻擁有美妙好滋味。

水煮番茄罐頭（番茄丁）…… 1 罐（大）
蒜頭 …… 1 瓣
砂糖和低筋麵粉 …… 各 1 小匙
橄欖油 …… 1 大匙
乾燥奧勒岡 …… 1 小匙
白酒 …… 2 大匙
鹽 …… ½ 小匙
月桂葉 …… 1 片
E230kcal（總熱量）

1 將砂糖和低筋麵粉混合後倒入碗裡，再加入一些水煮番茄丁用湯匙拌勻。

2 將剩餘的水煮番茄丁分次一點一點倒入碗裡攪拌均勻，接著放入拍碎的蒜頭和其他剩餘的材料，鬆鬆地蓋上保鮮膜後，送進微波爐（600W）加熱 3 分鐘左右。加熱完畢後將碗拿出，將番茄醬攪拌均勻，再放進微波爐裡繼續加熱 1 分鐘左右，至番茄醬沸騰為止。

餃子

半份的基本款「Q」麵團，差不多可以做出 20 張直徑 6cm 左右的水餃皮。
這款食譜做出來的麵皮比較厚，所以較適合用來包水餃。

【水餃皮的材料與作法】
E420kcal（總熱量）

1 在砧板上撒一些低筋麵粉（分量外），將半份基本款「Q」麵團（參照 P.48 作法）放到砧板上揉成長條狀，並切割成 20 等分。

2 將作法 **1** 切割好的小麵團切口面朝上放好，用手掌心輕輕壓平，然後用撒上低筋麵粉（分量外）的桿麵棍桿成直徑約 6cm 的圓形麵皮。

【材料】2 ～ 3 人份
水餃皮（參照上述作法）…… 20 張
豬絞肉 …… 100g
新鮮香菇 …… 100g
細蔥 …… 4 ～ 5 根
薑（薑泥）…… ½ 小匙
A ⌈ 酒 …… 1 大匙
  │ 醬油和砂糖 …… 各約 1 小匙
  └ 麻油和太白粉 …… 各約 1 小匙
水 …… 3 杯
中式雞湯粉 …… 1 小匙
B ⌈ 酒和醬油 …… 各 1 大匙
  └ 鹽和胡椒 …… 各少許
E250kcal

水餃

將豬絞肉和香菇調成的內餡，滿滿地包進水餃皮中，再放進鍋裡煮成湯餃。

1 香菇除去根蒂後，一半剁碎，一半切成薄片備用。

2 細蔥切成蔥花，留一點盛盤時用，其餘則作為餡料。

3 將豬絞肉、作法 **1** 剁好的香菇、作法 **2** 切好的蔥花、薑泥和調味料 A 倒入調理盆中拌揉均勻。

4 在水餃皮正中央放上滿滿 1 小匙作法 **3** 的內餡後，對折成半月形，並將水餃皮邊緣壓緊。在備料盤上撒點低筋麵粉（分量外），把包好的水餃放上去排好。

5 將量好的水和雞湯粉放進鍋子裡，加入作法 **1** 切好的香菇薄片，即可開火熬煮。水滾後放入作法 **4** 的水餃，以較弱的中火煮 6 ～ 7 分鐘，放入調味料 B 調味，味道調好後盛盤。最後再撒上事先留下備用的細蔥，即完成這道料理。

在水餃皮中間放滿餡料，留下 1cm 寬的外圈。

將水餃皮邊緣的中心稍微拉起，對折成半月形後，左右兩邊的邊緣也要跟著壓緊。

如果不小心把水餃皮弄破了，可採取緊急措施：用手沾多一點低筋麵粉後，再將皮捏緊就不會破了。

包好的水餃可以冷凍備用。一次多包一些，需要用時會很方便。

餡料是由雞絞肉和蔥做成的。
在水餃皮中間放滿餡料，留下
1cm 寬的外圈。

將水餃皮對折成半月形，邊緣
壓緊。

用手抓著水餃兩端，將兩端靠攏，其中一個餃邊貼上另一個餃邊
後，用手指捏緊，讓餃邊貼合。

冷盤水餃沙拉

這是一款用雞絞肉做內餡的水餃，口味清爽。
煮好後立刻泡涼，和大量的蔬菜一起裝盤成沙拉的樣子。
享用時可沾點麻油和醋調成的沾醬。

【材料】2～3 人份
水餃皮（參照 P.52 作法）…… 20 張
雞絞肉 …… 100g
蔥 …… 5cm
┌ 酒 …… 1 大匙
A 醬油和砂糖 …… 各約 1 小匙
└ 麻油和太白粉 …… 各約 1 小匙
小黃瓜 …… 1 條
芽菜 …… 1 盒
小番茄 …… 5～6 顆
沾醬
┌ 醬油和砂糖 …… 各 1 大匙
│ 醋和麻油 …… 各 1 大匙
B
│ 黑胡椒 …… 少許
└ 辣油 …… 適量
E290kcal

1 蔥切成蔥末。

2 將雞絞肉、作法 **1** 切好的蔥末和調味料 A 倒入調理盆中拌揉均勻。

3 在水餃皮正中央放上滿滿 1 小匙作法 **2** 的內餡後，對折成半月形。接著將水餃皮邊緣壓緊，拉著兩端餃邊靠攏，並用手指捏緊，讓餃邊貼合。在備料盤上撒點低筋麵粉（分量外），把包好的水餃排上去。

4 小黃瓜切絲，芽菜去除根部後對切成兩半，小番茄去蒂切半。上述材料準備好後，放進容器中拌一下即可盛盤。

5 鍋中倒入大量的水煮滾，將作法 **3** 的水餃放進去煮 6～7 分鐘。煮好後滾水倒掉瀝乾，水餃放入冰水中冷卻，泡到完全變涼。

6 將作法 **5** 的冰水倒掉瀝乾，和作法 **4** 備好的蔬菜一起裝盤，沾著調拌好的調味料 B 享用。

麵疙瘩麵團

這款麵團的材料比基本款「Q」麵團（參照 **P.48** 作法）還要精簡，
只需將麵粉、溫水和鹽混合拌勻再揉成麵團即可。
麵團風味樸質，做出來的質地比基本款「Q」麵團來得柔軟。

【材料】1 份

低筋麵粉 200g　　鹽 1 撮

溫水
140 ～ 150ml

【作法】

將低筋麵粉和鹽過篩後倒入調理盆中。留下一點溫水備用，其餘的慢慢倒入調理盆中，邊揉邊倒。最後可拿留下備用的溫水調整麵團的柔軟度，讓麵團的質地接近耳垂的軟度即可。

根菜雞肉麵疙瘩

捏一些麵團，放入由大量根莖類蔬菜熬煮的醬油湯汁裡煮熟。

【材料】4 人份
麵疙瘩麵團 …… 1 份
白蘿蔔 …… 300g
牛蒡 …… 100g
紅蘿蔔 …… 100g
雞腿肉 …… 1 片
高湯 …… 3 杯
A ┌ 酒、醬油和味醂
　 …… 各 1 大匙
　└ 鹽 …… 少許
沙拉油 …… 1 大匙
青蔥 …… 少許
E370kcal

1 將白蘿蔔切成 5 ～ 6mm 厚的銀杏葉狀，紅蘿蔔切成 4 ～ 5mm 厚的銀杏葉狀。用鬃刷將牛蒡皮刷洗一下，將牛蒡切成細長形的滾刀塊後，泡水去除雜質，再將水瀝乾。
2 雞肉切成適口大小。
3 沙拉油倒入鍋內，油熱了之後，將作法 **1** 和作法 **2** 的食材放入鍋裡略炒一下。全部炒勻後，加入高湯熬煮 5 ～ 6 分鐘。湯煮滾後，撈去雜質。
4 手沾點水，將麵疙瘩麵團撕成適口大小的薄片，放進作法 **3** 煮好的湯裡繼續熬煮 7 ～ 8 分鐘。煮好後加入調味料 A 即可盛碗，最後撒上斜切成薄片的青蔥即可。

在手上沾些水能避免麵糊沾黏，製作起來較方便。

將麵疙瘩麵團壓薄後再下鍋，是這道料理的訣竅。若麵團太厚，較不易熟透。

餺飥[※]風味麵疙瘩

放入南瓜等蔬菜一起熬煮，
最後加入味噌，看起來就像
山梨縣的傳統美食「餺飥」。

【材料】4 人份
麵疙瘩麵團（參照 P.56 作法）
　……1 份
南瓜 …… 200g
洋蔥 …… 100g
日式炸豆皮 …… 1 片
高湯 …… 3 杯
味噌 …… 3 大匙
沙拉油 …… 1 大匙
E320kcal

1 南瓜去籽、去蒂後切成 6 ～ 7mm
厚的銀杏葉狀，洋蔥縱切成 7 ～ 8mm
寬的大小。日式炸豆皮先淋上熱水去
油，再切成長條狀。
2 沙拉油倒入平底鍋內，油熱了之
後，將作法 **1** 切好的洋蔥放入鍋裡略
炒一下。全部炒勻後，加入高湯熬煮
5 ～ 6 分鐘。湯煮滾後，撈去雜質。
3 手沾點水，將麵疙瘩麵團撕成適
口大小的薄片，放進作法 **2** 煮好的湯
裡繼續熬煮 3 ～ 4 分鐘，再放入作法
1 的南瓜和日式炸豆皮熬煮 4 ～ 5 分
鐘。煮好後加入味噌拌勻調味即可。

※ 譯註：日本山梨縣的鄉土料理，由扁平的
烏龍麵加上蔬菜及味噌燉煮而成的一種麵食。

西式麵疙瘩

這是一款以番茄和培根為基底的麵疙瘩湯。
把麵疙瘩當做是義大利麵的話，當然也很適合料理成西式口味！

1 將番茄切成 1.5cm 寬的小塊，
洋蔥和培根切成長寬 1cm 左右的
大小，豆腐切成 2cm 寬的小塊。
2 橄欖油倒入鍋內，油熱了之
後，將作法 **1** 切好的洋蔥和培
根放入鍋裡略炒一下。全部炒勻
後，加入量好的水、雞湯塊和白
酒煮 2 ～ 3 分鐘。

3 手沾點水，將麵疙瘩麵團撕成
適口大小的薄片，放進作法 **2** 煮
好的湯裡繼續熬煮 7 ～ 8 分鐘。
接著放入作法 **1** 的番茄和豆腐，
加點鹽調味後再稍微煮一下，最
後撒上黑胡椒即可。

【材料】4 人份
麵疙瘩麵團 …… 1 份
番茄 …… 1 顆
洋蔥 …… 150g
培根（切薄片）…… 2 片
豆腐 …… 半塊
水 …… 3 杯
雞湯塊 …… 半塊
白酒 …… 2 大匙
橄欖油 …… 1 大匙
鹽和粗磨黑胡椒 …… 各少許
E300kcal

加入泡打粉的「Q」麵團

這是一款在基本款「Q」麵團的材料中，另外加入泡打粉和砂糖後做成的麵團，可用來製作厚度較厚的麵皮，如印度烤餅、披薩、蒸包子或餡餅的麵皮等等。雖然因為麩質不如高筋麵粉多，因而不具有蓬鬆的口感，但好處是放涼了不會變硬，味道也不會變差。

【材料】1 份

低筋麵粉　200g

泡打粉
3 小匙

砂糖
1 大匙

鹽
1 撮

溫水
90 ～ 100ml

沙拉油
2 小匙

【作法】

在調理盆內擺上一只篩網，倒入低筋麵粉、泡打粉、砂糖和鹽混合後過篩。之後的作法和基本款「Q」麵團的作法 **1 ～ 5**（參照 P.48）相同。

【材料】2 片的分量
加入泡打粉的「Q」麵團
　（參照 P.60 作法）
　⋯⋯ 1 份
低筋麵粉 ⋯⋯ 適量
E440kcal（1 片的熱量）

印度烤餅

印度料理中形狀為長三角形的印度烤餅，是大家所熟悉的印度麵包。直徑長約 **25cm** 的平底鍋裡，可放上兩片整形好的麵團，烤好後呈樹葉狀。由於是用麩質較少的低筋麵粉，所以烤好後會比較硬，但越咬就越能感受到它的好滋味。

1　將 1 份加入泡打粉的「Q」麵團分成 2 等分後，將每一份拉長。接著在砧板上撒一些低筋麵粉，把麵皮放到砧板上，整形成約 20cm 長的樹葉狀。

2　開小火熱平底鍋，將作法 **1** 的麵皮放進平底鍋裡排好，蓋上鍋蓋，煎烤 3

～ 4 分鐘。

3　翻面，並掀開鍋蓋繼續煎烤 3 ～ 4 分鐘，將水分烤乾。烤好後，依個人喜好可趁熱塗上奶油。

邊揉麵團邊將麵團拉長，放到砧板上整形成樹葉狀的麵皮。

印度烤餅只需乾烤。蓋上鍋蓋，開小火烤到焦紋出現即可。

待餅皮烤至上色即可掀開鍋蓋，翻面，最後將烤餅烤脆即可。

可搭配印度烤餅一起吃的 2 種咖哩

1 讓蛤蜊吐沙並搓洗乾淨。

2 蝦子挑除腸泥、去殼後，在蝦背上劃一刀。

3 蒜頭切成薄片。

4 將西洋芹較粗的纖維削去，切成1cm的小塊。

5 橄欖油倒入鍋內，放入作法 **3** 的蒜頭，以小火拌炒 2～3 分鐘。接著加入作法 **4** 的材料，撒上咖哩粉繼續炒 1～2 分鐘。

6 將白酒、量好的水、作法 **1** 的蛤蜊和番茄汁，倒入作法 **5** 的食材中一起燉煮。煮滾後加入作法 **2** 的蝦子，並撒上鹽和胡椒調味。待蛤蜊殼煮開，即可關火盛盤。

海鮮湯咖哩

這款咖哩是用蛤蜊和蝦子做成的，是一款口味清淡的湯咖哩。
推薦大家撕下印度烤餅後沾著咖哩享用。

【材料】4 人份

蛤蜊 ⋯⋯ 300g

帶殼鮮蝦 ⋯⋯ 8 隻（中型）

蒜頭 ⋯⋯ 1 瓣

西洋芹 ⋯⋯ 半根

白酒 ⋯⋯ 2 大匙

水 ⋯⋯ 1 杯

番茄汁 ⋯⋯ 2 杯

咖哩粉 ⋯⋯ ½小匙

橄欖油 ⋯⋯ 1 大匙

鹽和胡椒 ⋯⋯ 各少許

E100kcal

乾咖哩

因為加了番茄醬的關係，辛香類蔬菜不需花很多時間拌炒，便能炒出好味道。
這款咖哩用平底鍋就能簡單地做出來。做好後冷凍 1 個月，味道也不會變差。

【材料】4 人份

混合絞肉 …… 200g

洋蔥 …… 150g

青椒 …… 2 顆

紅蘿蔔 …… 半根

咖哩粉 …… 2 ～ 3 小匙

低筋麵粉 …… 1 小匙

葡萄乾 …… 2 大匙

白酒 …… ¼ 杯

番茄醬 …… ½ 杯

沙拉油 …… 1 大匙

砂糖和鹽 …… 各少許

E220kcal

1 洋蔥、青椒和紅蘿蔔全部切成細末。

2 沙拉油倒入平底鍋內，油熱了之後，放入作法 **1**，以較弱的中火拌炒 5 ～ 6 分鐘。待食材炒軟後，把混合絞肉弄散加入一起炒鬆。

3 將咖哩粉和低筋麵粉撒入作法 **2** 的食材中，略炒一下。待炒出香味後，依序加入葡萄乾、白酒和番茄醬拌炒 5 ～ 6 分鐘。最後加入砂糖和鹽調味即可。

披薩

「Q」麵團（參照 P.60 作法）中所用的 2 小匙沙拉油，
也可換成 1 大匙橄欖油。另外，在戶外做披薩時可以不用桿麵棍，
只需用手把麵團推壓成圓形的麵皮。

【披薩麵皮的材料與作法】直徑約 25cm X 2 片的分量
E870kcal（總熱量）

1 將 1 份加入泡打粉的
「Q」麵團分成 2 等分
後，整形成圓形。在砧板
上撒一些低筋麵粉（分量
外），把麵團放到砧板
上。

2 用撒上低筋麵粉（分
量外）的桿麵棍，將麵
團桿成直徑約 25cm 大小
的圓形麵皮（亦可用手推
壓）。另一片也以同樣的
方式製作。

瑪格麗特披薩

番茄醬、莫札瑞拉起司和羅勒的組合，
象徵由紅色、白色和綠色所組成的義大利國旗，
是一款具有代表性的披薩。

【材料】直徑約 25cm X 2 片的分量
披薩麵皮（參照上述作法）…… 2 片
莫札瑞拉起司
　（亦可使用披薩用起司）…… 100g
羅勒…… 7 ～ 8 片
微波爐番茄醬（參照 P.50 作法）
　　…… 200g
橄欖油…… 適量
E630kcal（1 片的熱量）

1 莫札瑞拉起司切半後，再切成 6 ～
7mm 寬的大小。

2 將桿好的披薩麵皮放入平底鍋裡，
用手指將麵皮一整面按壓出凹痕，塗上
一半分量的番茄醬，再鋪上作法 **1** 的
一半起司。接著開小火並蓋上鍋蓋煎烤
12 ～ 15 分鐘，時間到後掀開鍋蓋，調
成中火將底部烤脆。另一片也以同樣的
方式製作。

3 披薩烤好後即可盛盤。盛盤後將羅
勒撕碎撒在披薩上，並依個人喜好淋上
橄欖油。

麵皮放入平底鍋後，兩手像在
指壓一樣，用手指按壓麵皮，
讓一整面麵皮都出現凹痕。

披薩用的麵皮要桿得比印度烤
餅（P.61）的麵皮還要薄，所
以烤出來的質地較硬。要把披
薩做得好吃，就要多塗一點番
茄醬。起司則均勻撒上即可。

薩拉米青椒披薩

這是一款連小孩都很喜愛的家庭披薩。
薩拉米香腸可用粗絞香腸代替。
粗絞香腸切成圓片後，鋪在披薩麵皮上烤也很美味。

【材料】直徑約 **25cm X 2** 片的分量
披薩麵皮（參照 P.64 作法）…… 2 片
薩拉米（salami）香腸 …… 50g
青椒 …… 2 顆
微波爐番茄醬（參照 P.50 作法）…… 200g
披薩用起司 …… 50g
鹽和橄欖油 …… 各少許
E680kcal（1 片的熱量）

1 將薩拉米香腸切成薄片。青椒去籽、去內膜後，直切成 3 ～ 4mm 寬的細絲，再加入鹽和橄欖油拌勻。
2 將披薩麵皮放入平底鍋裡，用手指將麵皮一整面按壓出凹痕，塗上一半分量的番茄醬，再鋪上作法 **1** 的一半起司。接著開小火並蓋上鍋蓋煎烤 12 ～ 15 分鐘，時間到後掀開鍋蓋，調成中火將底部烤脆。另一片也以同樣的方式製作。

【材料】直徑約 25cm X 2 片的分量

披薩麵皮（參照 P.64 作法）⋯⋯ 2 片

生火腿 ⋯⋯ 40g

嫩葉蔬菜 ⋯⋯ 1 盒

微波爐番茄醬（參照 P.50 作法）⋯⋯ 100g

美乃滋 ⋯⋯ 2 大匙

橄欖油 ⋯⋯ 少許

粗磨黑胡椒 ⋯⋯ 少許

E600kcal（1 片的熱量）

1 將披薩麵皮放入平底鍋裡，開小火並蓋上鍋蓋煎烤約 10 分鐘，時間到後掀開鍋蓋，調成中火將底部烤脆。另一片也以同樣的方式製作。

2 嫩葉蔬菜淋上橄欖油後拌勻。

3 將微波爐番茄醬和美乃滋混合拌勻。

4 將作法 **1** 烤好的披薩盛盤，作法 **3** 備好的醬料留下一點備用，其餘的全部塗到披薩上。最後鋪上作法 **2** 拌好的嫩菜及生火腿，再淋上作法 **3** 留下備用的醬料並撒上黑胡椒即可。

沙拉披薩

這是一款像生菜沙拉的披薩。只要把披薩麵皮烤好並鋪上大量的新鮮蔬菜即可。放上生火腿後，看起來更加豪華美味。

淋上大量以番茄醬和美乃滋調成的醬料後即可享用。

蒸包子

在加入泡打粉的「Q」麵團裡包入肉餡，即可做成肉包。
若不包入任何餡料直接蒸熟，便可以很簡單地做出刈包。
做小顆一點會比較快蒸熟。

【材料】8 個的分量

加入泡打粉的「Q」麵團
　（參照 P.60 作法）…… 1 份
豬絞肉 …… 100g
蔥 …… ¼ 根
水煮竹筍 …… 100g
┌ 砂糖和太白粉 …… 各 1 小匙
│ 醬油和麻油 …… 各 1 小匙
A
│ 酒 …… 1 大匙
└ 鹽 …… ¼ 小匙
低筋麵粉 …… 少許
E150kcal（1 個的熱量）

肉包

這款小型肉包雖然大約只有直徑 **5cm**，
但裡面包的卻是用美味豬絞肉所調成的肉餡，
是一款真材實料的包子。
麵團用桿麵棍來桿，亦可用手整形成同樣的形狀。
這是一款很適合在戶外炊煮的候選菜單。

桿麵團時，可替其餘麵團蓋上
濕布，避免麵團變得乾燥。

將肉餡分成 8 等分後揉圓，再
放到桿成圓形的麵皮中間。

以手指拉起麵皮，沿著邊緣打　　　包好後將收口處捏緊。
褶，將肉餡包起來。

1 蔥和水煮竹筍切成粗末。

2 將豬絞肉、作法 **1** 的材料和調味料 A 倒入調理
盆內拌揉均勻，拌勻後分成 8 等分並揉圓。

3 將加入泡打粉的「Q」麵團分成 8 等分並揉圓，
接著將每一等分放到撒了低筋麵粉的砧板上，用桿
麵棍桿成直徑約 10cm 的圓形麵皮。

4 將作法 **2** 的肉餡放到作法 **3** 桿好的麵皮中間，
拉起麵皮後，沿著麵皮邊緣打褶，最後將收口處捏
緊即可。

5 在蒸具裡鋪上烘焙紙，放入做好的肉包，接著
放到冒著蒸氣的蒸鍋上，以稍大的中火隔水蒸 15
分鐘左右即可。

【材料】8 個的分量

加入泡打粉的「Q」麵團
　（參照 P.60 作法）…… 1 份
混合絞肉 …… 150g
洋蔥 …… 100g
沙拉油 …… ½ 小匙
鹽 …… 少許
麵包粉 …… 4 大匙
牛奶 …… 約 4 大匙
加工起司 …… 50g
低筋麵粉 …… 少許

E170kcal（1 個的熱量）

漢堡排肉包

這款食譜是肉包的應用篇，包的是做得小小的漢堡排。
漢堡排口味可說是不加蛋的肉丸子。

將漢堡排的材料整成橢圓形備
用。

將麵皮稍微拉起，像是要把放
在中間的漢堡排餡包覆起來一
樣對折蓋起。

將麵皮邊緣對齊後，用手指捏
緊。

收口朝下放好，最後在頂端擺
上起司，即可開始蒸。

1 洋蔥切成末後放入耐熱容器裡，倒
入沙拉油和鹽拌勻，然後鬆鬆地蓋上
保鮮膜，放進微波爐（600W）中微波
1 分鐘左右。微波好後放涼備用。

2 將麵包粉和牛奶倒入調理盆內，靜
置 5 ～ 6 分鐘。

3 起司切成 7 ～ 8mm 的小塊，留下
一些作為包子頂端裝飾用。

4 將混合絞肉及作法 **1**、**2**、**3** 備好
的食材倒入調理盆內攪拌均勻，拌勻
後分成 8 等分，並整成橢圓形。

5 將加入泡打粉的「Q」麵團分成 8

等分並揉圓，接著將每一等分放到撒
了低筋麵粉的砧板上，用桿麵棍桿成
直徑約 10cm 的圓形麵皮。

6 將作法 **4** 的小漢堡排放在作法 **5**
桿好的麵皮中，拉起麵皮對折包起
來，最後將邊緣捏緊。

7 在蒸具裡鋪上烘焙紙，將作法 **6** 的
漢堡排肉包收口朝下放進去排好，再
把作法 **3** 預留的起司放到漢堡排肉包
上。最後將蒸具放到冒著蒸氣的蒸鍋
上，以稍大的中火隔水蒸 15 分鐘左右
即可。

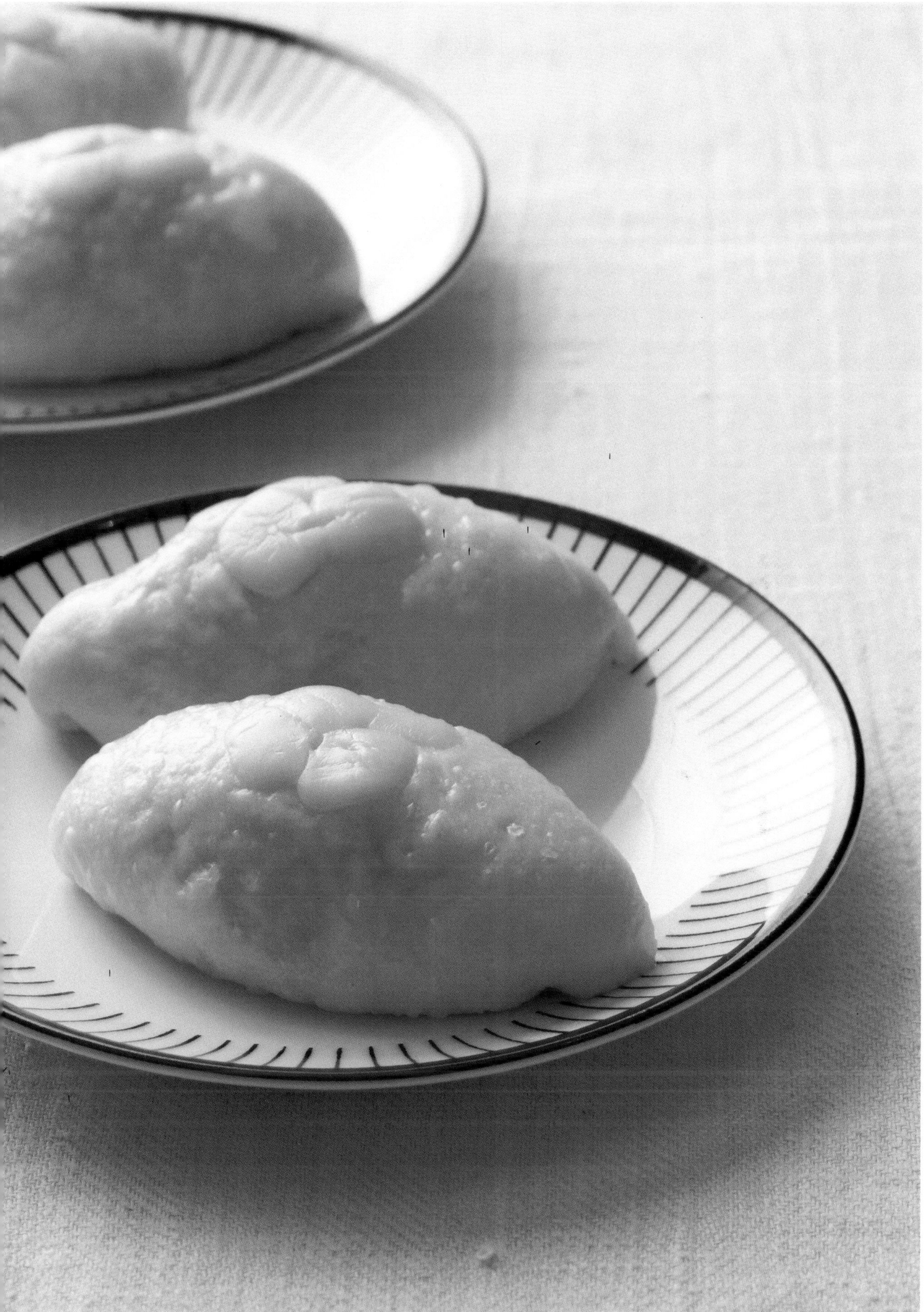

刈包麵皮

刈包麵皮可說是一種不包內餡的蒸包子，形狀各式各樣。做成包子的樣子蒸好後，可像可樂餅麵包一樣，不但能拿來夾配菜，方便食用，形狀也十分可愛。

【材料】6 個的分量
加入泡打粉的「Q」麵團
　（參照 P.60 作法）…… 1 份
低筋麵粉 …… 適量
麻油 …… 適量
E910kcal（總熱量）

1 將加入泡打粉的「Q」麵團分成 6 等分並揉圓，其餘的麵團蓋上濕布，避免變得乾燥。

2 把作法 **1** 揉好的麵團放在撒了低筋麵粉的砧板上，用手指輕輕壓扁。

3 將撒了低筋麵粉的桿麵棍放在作法 **2** 壓扁的麵團中央，上下滾動，桿成直徑 12cm 左右的橢圓形麵皮。

4 在作法 **3** 桿好的麵皮抹上薄薄一層麻油後，由上往下將麵皮對折。對折時，下方的麵皮需比上方的麵皮多出 1cm 左右。

5 在蒸具裡鋪上烘焙紙，將作法 **4** 的刈包麵皮放進去排好。接著將蒸具放到冒著蒸氣的蒸鍋上，以稍大的中火隔水蒸 7～8 分鐘即可。

薑燒豬肉刈包

把如叉燒般炒得香香甜甜的薑燒豬肉和蔥一起夾進刈包麵皮裡。
因為用的是碎豬肉,所以炒出來的肉很軟嫩,非常好吃。

刈包麵皮(參照 P.72 ～ 73 作法)
　……6 個

豬肉薄片 …… 150g

A
┌ 薑(薑泥)…… 少許
│ 醬油 …… 1 大匙
│ 酒和味醂 …… 各 1 大匙
└ 太白粉 …… 1 小匙

沙拉油 …… 1 小匙

醬油和砂糖 …… 各½小匙

蔥 …… 半根

E240kcal(1 個的熱量)

1 如果豬肉薄片比較大塊,可先切成 2 ～ 3cm 長,再倒入調味料 A 抓勻,預先調味。

2 沙拉油倒入平底鍋內,油熱了之後,將作法 **1** 的豬肉弄散放入鍋裡,開中火炒 3 ～ 4 分鐘,將肉炒得油油亮亮,最後倒入醬油和砂糖拌炒。

3 蔥切成細絲。

4 將刈包麵皮對半扳開,夾入作法 **3** 和作法 **2** 備好的食材,即可享用。

【材料】6 個的分量
刈包麵皮（參照 P.72 ～ 73 作法）…… 6 個
去殼鮮蝦 …… 150g
蔥 …… 半根
蒜頭 …… 1 瓣
A ┌ 番茄醬和酒 …… 各 2 大匙
  │ 中式雞湯粉 …… ½ 小匙
  │ 砂糖、鹽和胡椒 …… 各少許
  └ 豆瓣醬 …… 少許
麻油 …… 1 小匙
E190kcal（1 個的熱量）

番茄醬辣蝦刈包

這道食譜只需用平底鍋就能簡單做出來，
而讓口味與乾燒蝦仁相似的魔法調味料，就是番茄醬。
雖然是仿乾燒蝦仁的味道，卻非常美味！
夾進刈包麵皮裡，就可變身為中式三明治。

1 將蔥斜切成 1cm 寬的薄片，蒜頭切成蒜末，蝦子挑除腸泥備用。

2 麻油倒入平底鍋內，油熱了之後，放入作法 **1** 的蒜末略炒一下。蒜末爆出香味後，繼續放入蔥和蝦子稍微炒勻。

3 將混合好的調味料 A 沿著鍋邊倒入作法 **2**，蓋上鍋蓋，以較弱的中火悶 1 ～ 2 分鐘。悶好後掀開鍋蓋，將火調大，把食材煮到出現光澤。

4 將刈包麵皮對半扳開，夾入作法 **3** 煮好的餡料即可。

蝦子炒到變色後，即可倒入調味料 A。

掀開鍋蓋後，開大火煮到鍋中水分收乾。

餡餅麵皮

這是一款採用日本信州當地的傳統美食加以變化後所做出的餡餅，既可當主食，亦可作為副食。用的雖然都是加入泡打粉的「Q」麵團，但味道卻和肉包及刈包不同，讓人感受到低筋麵粉料理的深奧。
在此一併介紹用平底鍋如何把餡餅煎得又香脆又鬆軟的訣竅。

【材料與作法】8 個的分量　　　　E880kcal（總熱量）

 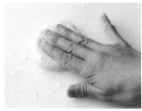 

1 將 1 份加入泡打粉的「Q」麵團（參照 P.60 作法）分成 8 等分。

2 接著將作法 1 的麵團放在撒了低筋麵粉（分量外）的砧板上，用手指輕輕壓扁。

3 將撒了低筋麵粉（分量外）的桿麵棍放在作法 2 壓扁的麵皮中央，上下滾動桿成直徑約 10cm 的圓形麵皮。

野澤醃菜餡餅

說到信州，就不能不提到野澤醃菜。把野澤醃菜和魩仔魚一起炒得有點微辣，再包進餡餅麵皮裡。
包好的餡餅用平底鍋煎，煎到上色後倒入一點水，蓋上鍋蓋悶一下，就能煎出又香脆又鬆軟的餡餅。

將麵皮的邊緣往中間拉，把野澤醃菜內餡包起來，用手指將收口處捏緊。

餡餅收口朝下放進平底鍋中排好，即可開火煎。

將上下兩面都煎到上色，即可倒入約 1cm 深的水悶煮，這樣餡餅皮就不會太硬，煎出來的餡餅就會鬆鬆軟軟的。

【材料】8 個的分量

餡餅麵皮（參照上述作法）
　……8 個的分量
野澤醃菜……300g
魩仔魚……20g
　┌ 砂糖和醬油
A　……各約 1 小匙
　└ 七味辣椒粉……少許
麻油……1 大匙
沙拉油……少許
E150kcal（1 個的熱量）

1 將野澤醃菜切成末。

2 麻油倒入平底鍋，油熱了之後，放入魩仔魚略炒。接著加入作法 1 拌炒，再倒入調味料 A，邊炒邊將湯汁收乾。炒好後放涼備用。

3 將作法 2 的材料分成 8 等分，放到餡餅麵皮中間，拉著麵皮邊緣將餡料包起來。

4 平底鍋內倒點沙拉油，將作法 3 的餡餅收口朝下，排進平底鍋。

5 作法 4 準備好後開中火，蓋上鍋蓋開始煎。煎到上色後，翻面繼續煎。待兩面都煎到上色，將水倒入平底鍋內約 1cm 深，蓋上鍋蓋悶 6～7 分鐘。最後掀開鍋蓋，將水分收乾，把餡餅煎脆即可。

【材料】8 個的分量

餡餅麵皮（參照 P.76 作法）
　　…… 8 個的分量
茄子 …… 約 4 條（300g）
麻油 …… 1 大匙

A ┌ 味噌 …… 2 大匙
　│ 酒 …… 1 大匙
　│ 砂糖 …… 2 大匙
　└ 柴魚片 …… 1 撮
沙拉油 …… 少許

E160kcal（1 個的熱量）

用麻油將食材炒香後，倒入
混和味噌的調味料繼續拌炒
均勻後完成的餡料。

味噌茄子餡餅

味噌炒茄子也是餡餅中具有代表性的餡料，這道食譜使用的就是這款內餡。
恰到好處的甜味可刺激食慾，口味也讓人回味無窮。

1 將茄子切成 1cm 小塊。

2 麻油倒入平底鍋內，油熱了之
後，放入作法 **1** 的茄子略炒。茄子
炒軟後，倒入調味料 A 拌炒均勻。

3 將作法 **2** 炒好的食材放進備料盤
中攤開放涼。

4 將放涼後的食材分成 8 等分，放
到餡餅麵皮中間，拉著麵皮邊緣將
餡料包起來。

5 平底鍋內倒點沙拉油，將作法 **4**
包好的餡餅收口朝下，放進平底鍋
中排好。

6 準備好後開中火，蓋上鍋蓋開始
煎。煎到上色後，翻面繼續煎。待
兩面都上色，將水倒入平底鍋內約
1cm 深，蓋上鍋蓋悶 6 ～ 7 分鐘。
最後掀開鍋蓋，將水分收乾，餡餅
煎脆即可。

【材料】8 個的分量

餡餅麵皮（參照 P.76 作法）
　　……8 個的分量
馬鈴薯 …… 300g
冷凍甜玉米 …… 50g
奶油 …… 1 大匙
醬油 …… 1 小匙
砂糖和鹽 …… 各少許
牛奶 …… 少許
沙拉油 …… 少許
E160kcal（1 個的熱量）

將馬鈴薯和玉米做成的餡料
捏圓，會比較好包。

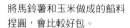

馬鈴薯玉米餡餅

這款餡餅裡放了許多馬鈴薯和玉米，連小朋友都很愛。

1 馬鈴薯清洗乾淨，整顆連皮放進耐熱盤上，送進微波爐（600W）裡加熱 6 ～ 7 分鐘。加熱後拿竹籤從中間往底部插，若可一口氣插到底，就表示熟了。然後趁熱將馬鈴薯泡在冷水中，快速將皮剝掉。剝好後，放入耐熱容器裡壓碎。

2 將奶油、玉米和醬油放進作法 **1** 的馬鈴薯裡，蓋上保鮮膜，放進微波爐裡微波 20 ～ 30 秒。加熱完成後全部拌勻，讓融化的奶油和其他食材完全融合，並加入砂糖和鹽調味。調味好後倒入少許牛奶，把硬度調整到和馬鈴薯泥差不多，分成 8 等分揉圓。

3 剩下的作法和味噌茄子餡餅（參照 P.78）作法 **4** ～ **6** 一樣，拉起麵皮將作法 **2** 的餡料包起來，放進平底鍋裡煎熟即可。

五味坊 73

低筋麵粉萬用料理

稀麵糊、稠麵糊、Q 麵團，徹底利用 3 種麵體變出每天都想吃的 60 道料理！

原著書名	絕品！薄力粉レシピ
作　　者	舘野鏡子
譯　　者	琴兒
特約編輯	劉芸蓁

總 編 輯	王秀婷
主　　編	洪淑暖
版　　權	徐昉驊
行銷業務	黃明雪、林佳穎

發 行 人　涂玉雲
出　　版　積木文化
　　　　　104台北市民生東路二段141號5樓
　　　　　電話：(02) 2500-7696｜傳真：(02) 2500-1953
　　　　　官方部落格：www.cubepress.com.tw
　　　　　讀者服務信箱：service_cube@hmg.com.tw
發　　行　英屬蓋曼群島商家庭傳媒股份有限公司城邦分公司
　　　　　台北市民生東路二段141號11樓
　　　　　讀者服務專線：(02)25007718-9｜24小時傳真專線：(02)25001990-1
　　　　　服務時間：週一至週五09:30-12:00、13:30-17:00
　　　　　郵撥：19863813｜戶名：書虫股份有限公司
　　　　　網站：城邦讀書花園｜網址：www.cite.com.tw
香港發行所　城邦（香港）出版集團有限公司
　　　　　香港灣仔駱克道193號東超商業中心1樓
　　　　　電話：＋852-25086231｜傳真：＋852-25789337
　　　　　電子信箱：hkcite@biznetvigator.com
馬新發行所　城邦（馬新）出版集團 Cite（M）Sdn Bhd
　　　　　41, Jalan Radin Anum, Bandar Baru Sri Petaling, 57000 Kuala Lumpur,
　　　　　Malaysia.電話：(603) 90578822｜傳真：(603) 90576622
　　　　　電子信箱：cite@cite.com.my

封面完稿	葉若蒂
內頁排版	優士穎企業有限公司
製版印刷	凱林彩印股份有限公司

城邦讀書花園
www.cite.com.tw

國家圖書館出版品預行編目資料

低筋麵粉萬用料理——稀麵糊、稠麵糊、Q麵團，
徹底利用3種麵體變出每天都想吃的60道料理！ /
舘野鏡子著；琴兒譯. -- 初版. -- 臺北市：積木文化
出版：家庭傳媒城邦分公司發行, 民104.08
　面；　公分. -- (五味坊；73)
譯自：絕品！薄力粉レシピ
ISBN 978-986-459-003-2(平裝)

1.點心食譜 2.麵食食譜

427.16　　　　　　　　　　104012094

ZEPPIN! HAKURIKIKO RECIPE
© KYOKO TATENO 2011
Originally published in Japan in 2011 by NHK Publishing Co., Ltd. (Japan Broadcast Publishing).
Chinese translation rights arranged through DAIKOUSHA INC., KAWAGOE.

2015年8月4日　初版一刷　　　　　　　　　　Printed in Taiwan.
2021年8月2日　初版三刷（數位印刷版）
售　價／NT$350
ISBN 978-986-459-003-2